園藝種苗生產

朱建鏞　編著

朱建鏞

學歷／美國伊利諾大學園藝學博士

經歷／中興大學園藝學系教授

東大圖書公司

編輯大意

一、「誰能控制作物種苗，就能影響農業生產，進而控制世界。」(P.3) 種苗的優劣與作物生產有著密切的關係，所以世界上的先進國家莫不傾力投入種苗之研究與開發，而隨著人類生活水準的提高，園藝作物的需求亦與日俱增，儼然已成為生活上不可或缺的必需品。

二、對從事作物之育種、採種調製、繁殖、培育及販售等工作的專業人士而言，本書是理論與實務並重的實用書籍；對講求「自然、健康、品味」的都市人而言，利用有限的空間栽培園藝作物，既能品自已親手種植的蔬菜、水果；欣賞四時不輟的奇花異草，更是修身養性的一帖良方。

三、本書文字敘述流暢，輔以豐富之圖、表，深入淺出的介紹園藝種苗生產之意義、方法及果樹、蔬菜、花木種苗之生產方法，並於每章後附實習，稱得上是一本深入淺出的良好教材。

四、本書在編輯、印刷等均力求嚴謹，以臻信、達、雅之理想，然疏失之處亦在所難免，尚祈各界先進不吾指正，以便改進是幸。

園藝種苗生產

目次

第 3 章　無性繁殖種苗之生產技術

第 4 章　微體繁殖

第 5 章　食用菌菌種之繁殖

第 6 章　果樹種苗之生產

第 7 章　蔬菜種苗之生產

第 8 章　觀賞植物種苗之生產

第1章　緒論

第一節　種苗生產之意義

種子和苗木是作物生產最基本的要素；要生產好的蔬菜、水果或花卉，必須先有好的種子或苗木。所謂種苗生產就是在培育好的種子和苗木。廣義來說：凡從事作物之育種、採種、調製、繁殖、培育、販售等工作，以供應作物栽培或庭園栽培所需等，都包括在種苗生產的範圍內。

農作物包括農藝作物、森林作物和園藝作物；其中農藝作物因關係到民生所需的糧食，因此農藝作物之種苗生產在我國多由政府農政單位負責辦理，民間少有以生產農藝種苗的商業行為。而森林作物關係著國家的水土資源，因此造林所需的種苗也是由政府的林政單位負責生產，民間同樣的少有以生產林木種苗的私人苗圃。反之園藝作物因種類、品種繁多，且品種的更迭流行變化很快，加上單位價值高，因此國內外大都由私人企業生產經營。所以一般若不特別註明，種苗生產實際上就是指園藝種苗生產。

園藝種苗生產，依其生產之目的，可以分為四大類：

一、種子生產

專門以生產種子為目的，所生產的種子以草本作物為主，如蔬菜作物和一、二年生花卉。少數草本果樹（如木瓜）和無性繁殖效率不高的多年生花卉，也有用種子生產的。

二、種球生產

專門以生產花卉或蔬菜等球根之種球為目的。其中花卉種球和一般草本花卉或木本植物苗木不同，球根必須在達一定大小後，栽培在適當的環境下施與適當的管理，球根才具有開花的潛能。不開花的球根花卉不具觀賞價值，因此種球生產是指具開花潛力種球的生產，而不是單指種球繁殖的數量增多而已。

三、苗木生產

專門以繁殖苗木為目的；有用播種方法繁殖者，也有用無性繁殖方法者。凡苗木繁殖需特殊技術，或者雖繁殖方法不太困難，但因作物栽培所需苗木數量很大，以至於栽培作物與苗木生產二者必須分工者，如切花苗種苗生產等。

四、庭園植物生產

專門生產大型苗木，或已開花的花卉植物，以供應庭園布置、行道樹、或公園美化所需的植物為目的。苗木自行繁殖或購自專業苗木生產者，然後經一段時期的栽培管理，待具有觀賞價值時，再予出售。

◆第二節　種苗生產之重要性◆

一、種苗生產為農業之母

歷史上，人類最早從事的農業活動即是收集作物種子以供作物生產。沒有種子或苗木就沒有作物栽培。雖然工業科技日新月異，但是農業還是養活人類的根源。因此種苗生產之重要性仍不斷的隨著世界人口的增加而擴大；誰能控制作物種苗，就能影響農業生產，進而控制世界。所以世界先進國家，莫不傾力投入種苗企業之研究與開發，毫不懈怠。

二、種苗影響作物經營之成敗

種苗的優劣與作物生產有密切關係；例如栽植優良品種苗木，縱使不需改變栽培技術，仍可以增加產量、提高收益。反之，列舉臺灣許多果樹栽培的慘痛經驗為例：如柑橘黃龍病，香蕉黃葉病和木瓜輪點毒素病，都是與種苗管理制度不健全有關，而遭受莫大的損失。

◆第三節　園藝種苗生產經營之特性◆

園藝種苗生產與一般農作物生產有許多不同的特徵：

㈠種苗生產是資本密集的產業

從事種苗生產，必須有適當的防雨設施，或溫室可以適度的控制植物生長環境，其他如自動噴霧繁殖場或組織培養室，都需要有足夠的資本投資，才能擁有設備。又如育出一個新品種，必須經歷父母本的純化、雜交、選拔，與區域性試作，這是一種非常長期性的投資，如果沒有雄厚的資金做後盾，是沒有辦法維持長期的育種工作。

㈡種苗生產是具有高度專業知識與精密科技的農業生產事業

世界各先進國家，傾力投資種苗產業的研究開發，使種苗生產技術日新月異。如三倍體西瓜種子生產；植物組織培養的健康種苗之生產，都是必須具備有相當的農業知識與技術才能生產的產品。

㈢種苗生產是高產值的產業

種苗產業是投資密集的產業，當然一定有高產值作為投資的報酬。有些優良的種子，其價值可與金子的價值相媲美。因此世界種苗業中，也屢見因育出一傑出品種而使瀕臨破產的公司，不只起死回生，甚而成為業界的佼佼者，如日本的坂田公司因育出重瓣矮牽牛而成功。又如德國坦都 (Tantau) 玫瑰公司，因育出超級巨星 (Super Star B. B) 玫瑰品種而成為德國第二大玫瑰種苗公司。

㈣種苗生產是國際性的產業

種苗重量輕、體積小、價值高，因此具有國際商品化的特質，國際間種苗的貿易活動年年擴大。如近年來，國內每年由荷蘭進口大量球根和切花種苗，我們也大量外銷蔬菜種子和觀葉植物種苗。

◆第四節　種苗事業發展之策略◆

近年來，臺灣經濟蓬勃發展，園藝產業也日益發達。以花卉、觀賞植物為主的球根類及一般種苗類，隨著國人生活水準日益提高，每年進口值穩定成長。另一方面，出口則以蔬菜種子為大宗，尤以瓜類種子和茄科種子，也正穩定增加出口值。然而在種苗生產業快速成長的過程中，常面臨一些問題，成為國內發展種苗事業的絆腳石。

㈠欠缺完備的相關法令

相關法令的不完備嚴重地阻礙種苗產業的健全發展。例如對於惡性競爭，販賣偽劣種苗業者缺乏管理制度和制裁，形成反淘汰的現象。又如對於農業智慧權缺乏獎勵和保障，不只國內種苗業者不從事新品種的開發，國際知名種苗業者也大為不滿，且已出現戒心，不再售予臺灣優良新品種。長此下去，全面失去優良種苗來源，又將如何在產品市場有競爭力？

㈡生產技術的落後與設備缺乏

優良種苗生產技術落後，且缺乏本土化高效率的生產設備，因此生產者只能用本地的劣質種苗，或者因自產種苗價格太高，必須全面性依賴進口種苗，造成永遠生不了根的產業。

㈢缺乏低價種苗的競爭能力

國內蔬菜、花卉種子外銷，以生產第一代雜交 (F_1) 種子為主，所需人工占生產成本的比率很高。由於臺灣工資、土地、和其他生產成本的飛漲，影響種子生產在國際市場的競爭力，將會逐漸被大陸及東南亞諸國所取代。

㈣作物之基因資源有限

除亞洲蔬菜中心以外，缺乏專門收集作物種類的種原庫。因此成為從事作物育種的障礙。

㈤人才缺乏，產官學間遊戲規則混亂

種苗生產由於是新興的產業，國內的專業人才欠缺且有嚴重的斷層，造成產業技術問題不能解決，園藝作物種苗管理及檢查工作無法落實。加上產官學之間共同的危機意識、合作共存的需要感還未普遍，不能形成強而有力的生產集團，導致在國際市場競爭力薄弱。

㈥欠缺產銷間的資訊

臺灣任何一種產業都有所謂「一窩蜂」的現象，只要見到有人在賺錢的行業，莫不趨之若鶩，主要的原因就是市場與產地間的資訊不完整且溝通不良。生產者與經銷商都缺乏可靠的資訊作為投資產業前評估判斷的根據，因此盲從和賭運氣的產銷經營，將會更嚴重的導致失控的種苗產銷，而國內種苗產銷也都一直在一窩蜂、毫無生產秩序下的環境投機經營。

因此為了使我國的種苗生產業能突破目前的瓶頸，克服國際市場的競爭，使園藝種苗生產成為臺灣精緻農業的主角，以及21世紀亞洲種苗業的領導者，未來急需努力達成的工作目標有：

㈠訂定有關種苗生產的法令規章

歐美許多種苗業發達的國家在1960～1970年間，就已經制訂有種苗法，來保護新品種及育種者的權益；鄰近的日本也已於1978年制訂種苗法。反觀我國遲至1988年12月5日種苗法（見附錄一、二）　才公布實施，　而且到目前仍未有完善的施行細則 。 甚至截至 1992 年，也只有葫蘆科植物受種苗法的保護及管理。這對我國要成為一個種苗事業的王國，僅這些法令是不夠的。應加緊立法以因應種苗業的迅速發展。

㈡遺傳資源的收集與保存

作物的種原是育種事業的基本材料；由於人類文明發展破壞了植物生態環境，有許多原生種就這樣不知不覺地在地球上消失，造成育種資源的損失。要育種事業發達，不只要保存本地原生種，更應大量自世界各地收集優良的遺傳因子（育種材料）。成立國家種原庫是當務之急。而種原庫硬體成立之後，培養敬業的專業人才以維持種原生生不息，也是另一重要課題。

㈢政策性鼓勵資本家投入種苗產業

新品種之育成非常費時，目前雖有少許蔬菜、果樹育種，但這些努力成果，絕對趕不上國際種苗業之發展。因此最有效的辦法就是由企業家投資購買國外種苗公司。所購買的公司可⑴以所擁有的種苗與國外其他公司交換國內所需的種苗 ；⑵向國內提供種苗資訊；⑶向國內轉移種苗生產技術和育種種原。另一方面亦可收集充裕資金，發展生產高品質種苗之設備與技術，提升我國種苗產業的水準。

㈣培養產官學界中具備有種苗生產的專業人才

在政府機關中有專業人才，才不至於有外行領導內行，或制訂一些不能執行的法令規章的情形發生。在研究機關有專業人才，可以協助解決種苗業的各種問題。在產業界有專業人才，可以建立高科技的繁殖系統，生產高級的種苗。當然產官學間之合作無間，才是未來種苗事業成功必備的關鍵。

㈤產銷資訊之收集、整理分析與應用

雖然目前國內有農業資訊中心、花卉發展協會、種苗協會等民間團體，然而園藝種苗產業的發展瑣碎、繁雜而且瞬息萬變，不是靠這些人民團體現有的組織規模來收集資訊 ， 加以分析即可應付的。政府應該出面整合民間團體所收集的資訊，交由具權威性的學者研判分析後，並以政府公信力將有用的資訊分發到相關產地，供種苗業者作為投資生產評估的依據。

習　題

1. 何謂「種苗生產」？
2. 種苗生產可分為哪四大類，各有何特點？
3. 種苗生產與園藝作物生產有何關係？
4. 臺灣目前的環境，發展種苗生產事業，有哪些仍待改善的問題？如何改進？
5. 施行植物種苗法之目的為何？

第2章　有性繁殖種苗之生產技術

自然界生物複製自身的過程叫做生殖 (reproduction)；而當生殖的過程是在人為的控制和操作下進行者，才稱之為繁殖 (propagation)。園藝種苗繁殖的方法可分為有性繁殖、無性繁殖，以及利用組織培養技術的微體繁殖方法。

高等植物的生殖主要靠種子。種子生殖時會有遺傳上的變異，而這種變異對於植物能適應環境變化是非常重要的，因為在每一世代中，唯有對環境有適應性個體才能存活下來並再繁衍下一代。然而農作物的繁殖，在種子生產時，其遺傳變異必須完全是由人類所控制，否則喪失了品種特性之後，其子代就不是原有的品種了。

大多數的作物，一個植株就可以生產大量種子，而且由種子發育成種苗非常容易，加上種子體積小，質量輕，運輸或貯藏都非常方便，因此只要是遺傳變異可以控制在容許的範圍內，若需要大量繁殖的種苗，用種子繁殖是最經濟、最有效的方法。更何況毒素病通常在種子繁殖的品種是不存在的問題，因此一、二年生草花或蔬菜作物常用種子繁殖。

由種子繁殖之種苗的根系通常比營養繁殖苗好，植株發育較強健、壽命較長，對土壤環境的適應力也較強，因此花木或果樹的砧木，也常以種子繁殖。

另外，在育種上為了能得到新的遺傳組合，因此種子繁殖方法同時也是非常重要的一種育種方法。

◆第一節　有性繁殖之原理◆

植物經由種子形成的生殖方法，稱為有性生殖；因此利用種子（或孢子）繁殖種苗的方法，稱為有性繁殖法。有性生殖是指：各含有半套染色體的兩個性細胞（雌配子體和雄配子體）融合而成結合子（受精卵）的生殖過程。在形成雌或雄配子體時的細胞分裂，由於染色體數減半，因此這種細胞分裂稱之為減數分裂 (meiosis)。一個花粉母細胞經減數分裂可以生成四個花粉粒（又稱為小孢子）；同樣的，一個大孢子母細胞經減數分裂可以生成四個大孢子，然而只有一個大孢子可以繼續分裂成胚囊。

植物授粉後，花粉中生殖核分為二。而在經花粉管進入胚囊後，一個精核與胚囊中的卵核結合成受精卵，以後發育成胚；而另一個精核則與胚囊中的兩個極核受精，以後則發育成胚乳。這種兩性細胞結合的過程，稱為受精。在高等植物中，由於有兩種受精：一個受精卵 (2N) 發育成胚，另一個受精的極核 (3N) 發育成胚乳，因此又稱為雙重受精（圖 2-1）。在授粉受精時，如果係由自花授粉，則後代染色體組基本上是相似的，當然以植物外表型看可以說是複製。不過當雜交授粉時，親本之染色體組不相同，則其後代之外表型將不全然與親本相同。

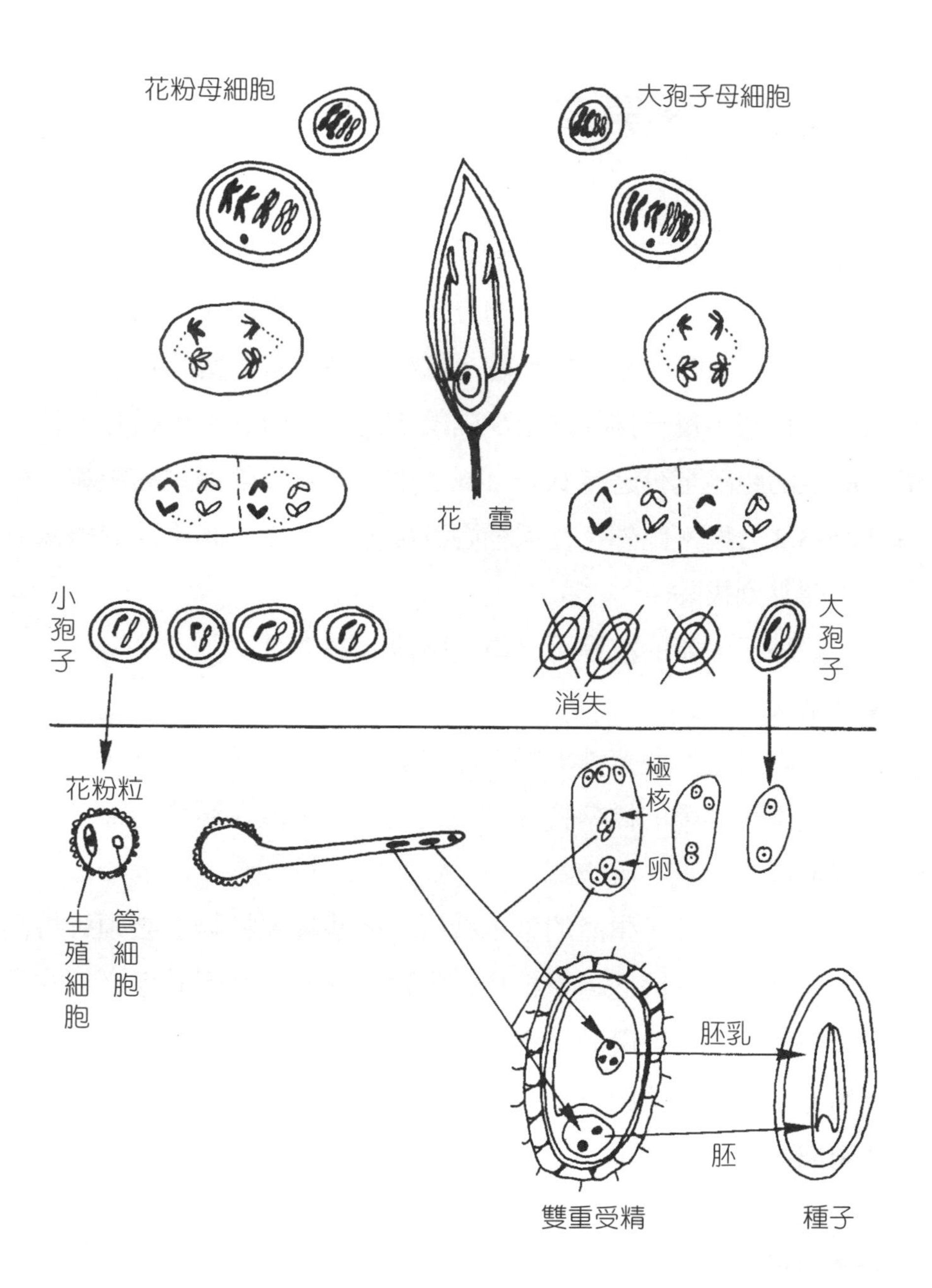

▶ 圖 2–1　植物減數分裂過程和雙重受精。

◆第二節　種子生產◆

種子生產時為了控制遺傳變異，根據育種的性質可分為自花授粉和異花授粉兩種。而根據授粉的方式可分為風媒授粉、蟲媒授粉和人工授粉。進行風媒或蟲媒授粉時，採種圃必需有適當的隔離。自交作物自花授粉時，每一採種圃至少隔離 3 公尺。而異花授粉時，若為蟲媒則隔離的距離至少應有 0.4～1.6 公里；而風媒則隔離的距離至少應有 0.2～3.2 公里。此外，在採種圃若發現有品種性狀不同的植株或雜草，也應立刻拔除。

一般種子生產的流程可分為三階段（圖 2–2）：

㈠發展階段

此階段是按照育種計畫生產出數量很少的種子，這些種子的特性就是爾後品種的標準特性，而這些種子叫做育種家的種子。

㈡維持階段

此階段是種子生產的基本種原，這些種原植物，必須維持高純度的遺傳基因，因此種原植物之繁殖，在生產種子時，必須注意到安全隔離距離，並隨時檢查植株，將變異的植株拔除；或者用無性繁殖方法生產種原植株。

㈢增殖與生產

原種植株可以直接生產商業種子，或者先增殖採種母株，再生產商業種子。

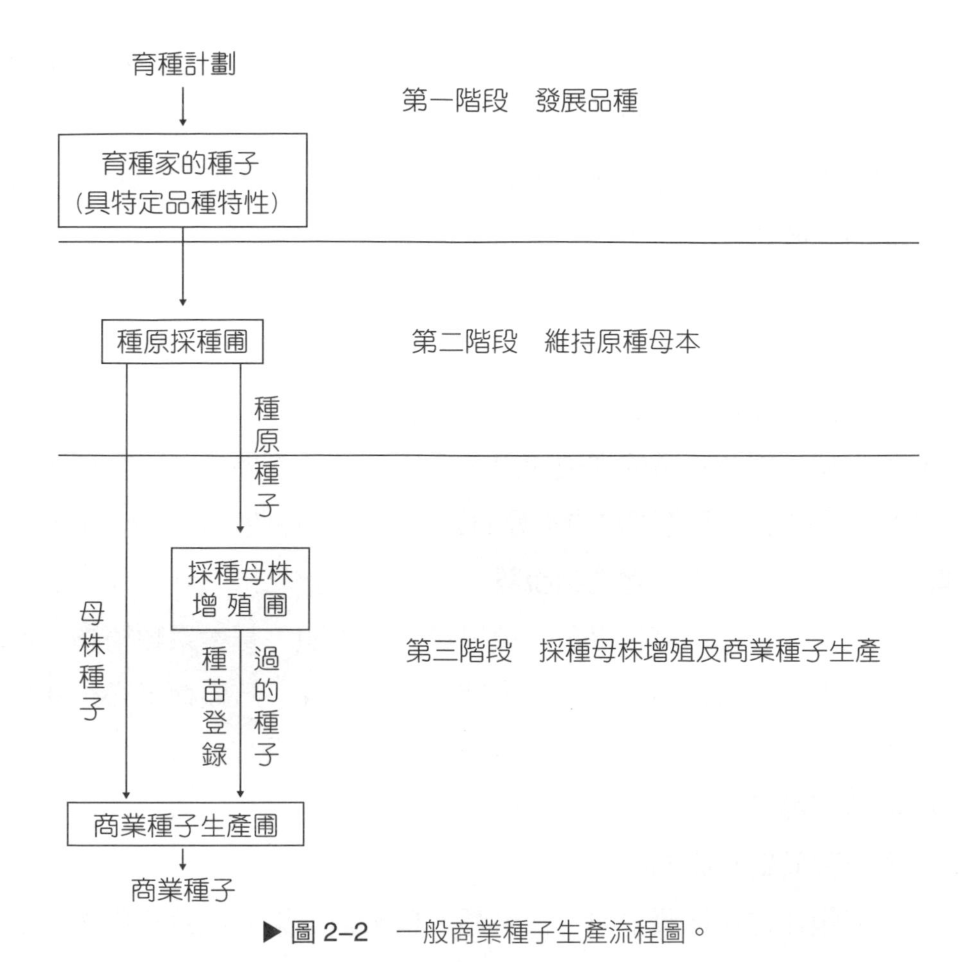

▶ 圖 2-2　一般商業種子生產流程圖。

◆第三節　種子的採收與處理◆

當種子的乾物重不再增加時，就是種子已經成熟。未完熟的種子細小、縐縮、質量輕、品質差，不只會影響種子的貯藏壽命，而且會影響種子發芽後幼苗的生長勢。反之，若種採收太晚，則果實裂開，種子散落於地或為鳥獸所食；另外，有些種子有休眠性或堅硬種皮者，過於成熟的種子往往不易發芽。因此，如何在適當時機採收種子，以得到高品質的種子，是生產種子重要的步驟之一。

依果實成熟的方式，作物可以分成四類，每一類植物的種子，各有不同的採收處理方式，茲分述如下：

㈠種子在乾果內

這類作物包括玉米和豆類。種子成熟時不會脫離母體；收穫季節溼度低是非常重要的。這類種子採收必需用外力（機械）才能將種子脫粒，因此不當的機械使用，會致使種子受外傷而影響種子的品質。通常在種子含適當的水分 (12～15%) 時採收，可以減少傷害。

㈡在乾果成熟時，種子會立刻脫離

這類作物包括有松果類、莢果類、蒴果類、蓇葖果類植物，如洋蔥、十字花科植物、飛燕草、矮牽牛……等。這類種子必須在果實未完熟前採收，置於網袋或盤子內，然後乾燥、拍打、篩選，最後再精選種子，將雜物或受傷種子去除。

㈢種子包藏於新鮮果肉中

這類作物包括漿果類、仁果類、核果類等果樹或蔬菜作物，如番茄、瓜類、葡萄、桃、梨……等。通常這類種子之成熟與否，以果實的成熟度為標準。先將果實打碎，使種子與果肉分離；不易分離的果實，可以將果實打碎後倒入桶中，置於 21 ℃ 左右環境下，任其自然醱酵約四天，再用水選的方法篩選種子，最後將篩選出的種子乾燥，乾燥的溫度不宜超過 43 °C。如果種子溼度太高，甚至處理的溫度需降至 32 °C。乾燥速度太快，常造成種子萎縮、種皮龜裂或種皮變硬，以至於影響以後種子的發芽力。大多數種子的水分含量，以維持在 8～15% 為宜。

㈣松果類

此類種子為翅果，在處理上需要一些特殊的程序。

1. 先將球果乾燥：有些松果，置通風處 2～12 週後，松果即可自然開裂。然有些松果則必需以 46～60 °C 或更高的熱風乾燥數小時，松果才會開裂。當然在熱風處理時，每個品種所需的溫度及處理時間不同。過高溫度的熱風，或處理時間太長同樣會傷害種子。
2. 種子分離：開裂的松果經振動後種子即可脫離果實，然而因松果會再回潮而閉合，因此乾燥後的果實，應立即將種子分離出。
3. 將翅分離：除非翅不能分離或會傷害到種子，否則種子上的翅必需分離。小的種子可以用溼潤的雙手搓揉，而將翅分離；大的種子則置於網袋中拍打，最後再用風選等方法精選出充實的種子。

◆第四節　種子貯藏◆

一、種子壽命

種子採收以後，如果不立刻播種，即應以適當的方法貯藏，以維持種子的壽命。所謂種子壽命是指自採收後到種子喪失發芽力所經過的時間。然而在作物生產上，不只要求種子具有高發芽率，同時也要求種子具有整齊的發芽時間，即所謂的發芽勢。因此種子具有商業價值的經濟年限，常比其實際壽命短。種子壽命依作物種類而有所不同；短者數天、數月，長者則可達百年以上。通常依種子正常活力維持期間的長短分為三類：

㈠短壽種子

種子活力只有數天、數月，或最多一年；如槭樹、柳樹、榆樹等溫帶樹木，或酪梨、婆羅蜜、澳洲胡桃、枇杷、柑桔、荔枝、芒果、馬拉巴栗、可可、咖啡、椰子等熱帶果樹，或者具有巨大子葉的板栗、美國胡桃或橡樹等。這類種子不宜貯藏，應儘可能及早播種。

㈡中壽種子

這類種子的種子壽命可維持 2～3 年以上，若貯存在低溫、低溼的環境下，甚或可維持 15 年之壽命。大部分的果樹、蔬菜、花卉或松柏類種子皆屬於此類。

㈢長壽種子

這類種子通常具有堅硬的種皮，可以防止水分進入種子。一般壽命至少可以維持 4 年以上，而最長可存活 75～100 年或更久。如西瓜、胡瓜、蘿蔔、蓮花等皆屬於此類。

二、影響種子貯藏壽命的因子

種子貯藏時，凡是可以降低種子呼吸作用或其他代謝過程，而又不會傷害到胚的環境，就是長久的維持種子活力的條件。其中又以控制種子的含水量，降低貯藏溫度和溼度最為重要。

㈠種子含水量

中壽種子相當耐乾燥，為了延長貯藏壽命，通常種子的含水量維持在 4～6%。隨著種子含水量增加，各種貯藏的問題也越多。例如含水量在 8～9% 以上，昆蟲卵會孵化繁殖；含水量在 12～14% 以上，菌類會開始活動；含水量在 18～20% 以上，種子開始有呼吸作用，因此溫度也會上升；含水量在 40～60% 以上，種子會開始發芽。反之，種子含水量太低 (1～2%) 同樣會降低種子活力和發芽率。

另外，種子所容許的含水量與貯藏溫度有關，種子含水量越高則必需貯存在愈低的溫度環境。例如番茄種子貯藏在 4.5～10 °C 環境下，種子含水量必需低於 13%；貯藏在 21 °C 環境下，含水量需低於 11%；若貯藏在 26.5 °C 環境下，則含水量需低於 9%。

種子含水量的變動也會影響種子貯存之壽命，因為種子內之含水量與貯藏環境之相對溼度間，會存在一種水分平衡狀態。在相對溼度較高環境下，經 2～3 天後種子會有回潮（吸水）的現象而降低種子貯藏壽命，如下表為相對溼度對蘿蔔和洋蔥種子含水量的影響。

相對溼度 (%)	10	20	30	45	60	75
蘿蔔種子含水量 (%)	2.6	3.8	5.1	6.8	8.3	10.2
洋蔥種子含水量 (%)	4.6	6.8	8.0	9.5	11.2	13.4

短壽種子由於對低種子含水量非常敏感，因此貯藏壽命很短。例如銀槭 (*Acer Saccharinum*) 種子在春天成熟時，其種子含水量約為 58%；一旦種子含水量低於 30～34% 時，種子活力立刻喪失。像這類種子之貯藏只有依賴控制貯藏溫度的方法溼藏。如橡樹種子、胡桃等可以用近零度的溫度溼藏。但有些熱帶作物種子，如咖啡、可可等若溫度低於 10 °C 時，會有寒害發生。

㈡貯藏溫度

大多數植物種子，在 0～44.5 °C 的範圍內，溫度每降低 5 °C 則種子貯藏壽命約可增加一倍。但是低溫貯藏的環境相對溼度如果太高，一旦移至高溫環境，則種子反而會喪失活力。大多數種子之長期貯藏，常以零下 18 °C，和相對溼度在 70% 以下的條件貯藏。

三、種子貯藏方法

根據種子本身的特性，用不同方法來控制種子內外的水分平衡以及貯藏環境之溫度和溼度，以延長種子活力為目的。不同種子有下列各種貯藏方法。

㈠開放式（不加任何溫度或溼度控制）的貯藏方法

許多屬於中壽的園藝作物種子，由於所需要貯藏的時間不長，只需要能貯藏到下一年度（或季節）栽培時，還能維持種子發芽力即可。因此不需要有特殊控制溫度或溼度的設備，只需具備有⑴防水⑵防蟲、防鼠或防黴⑶防止雜物汙染等功能的簡單設備即可大量貯藏種子，是園藝作物種子最簡易的貯藏方法。即將乾燥的種子裝入袋子、桶子或箱子等容器，再置於通風陰涼處即可，必要時種子可以經農藥燻蒸以防蟲害。在臺灣每年梅雨季節期，因長時間下雨，空氣相對溼度高，最容易造成種子發芽率低下。

㈡密封容器的貯藏方法

將乾燥的種子放入防水的密封容器內貯藏。現代密封的包裝材料種類很多，每種材料之持久性、價格、通透性（透氣與透水），以及防蟲、鼠的能力各有不同。例如玻璃、鋁、錫製容器可以完全防水；另一種材料如鋁箔或聚乙烯 (PE) 袋，則具 10～20% 的通透性；而紙或布的材料則完全不能控制水分的通透性。

在密封的容器中，有時會拌混一些經氯化鈷處理過的矽膠（矽膠：種子 = 1:10 w/w），以吸收容器內多餘的水分。當容器內相對溼度超過 45% 時，經氯化鈷處理過的矽膠會由藍色轉變呈粉紅色，此時應立刻更換矽膠，以維持種子內外的水分平衡。在密封容器中貯藏種子的含水量，通常維持在 5～8% 較適當。

㈢控制環境下的貯藏方法

利用除溼機或冷藏設備以降低貯藏環境之溫度與相對溼度。雖然這些設備非常昂貴，但是斟酌某些種子的價值，例如研究用種子、育種用的親本或者是種原庫的種子，控制環境下的貯藏方法還是必需的。尤其像臺灣夏季高溫多溼的環境下，以這種貯藏方法保存種子最有效率。

在使用冷藏箱保存種子時，一定要注意因溫度降低而造成高相對溼度的環境，以至於種子表面有凝結水。雖然這些水分在低溫環境下，對貯存的種子不見得會有傷害，但是一旦將種子移出一般室溫環境，種子活力將迅速受到影響，因此通常利用冷藏設備保存種子，必需附帶有除溼裝置，或者將種子完全密封後再冷藏。一般控溫的貯藏方法是將種子乾燥至含水量為 3～8% ，再放到密封容器中，置於 1～5 °C 的溫度下。雖然利用零下的溫度貯藏效果較好，但是由於冷藏費用高，除非是特殊種子，否則一般很少貯藏在 0 °C 以下的環境。

㈣低溫溼藏方法

許多不易貯藏的種子，由於種子不能被乾燥，因此只能利用溼藏的方法貯藏。例如銀槭、板栗、枇杷、荔枝、酪梨、橡樹，以及柑桔類種子等。常用的方法是將種子混合 1～3 倍量含水的介質（如溼砂、水苔、珍珠石、蛭石或木屑等），裝在 PE 袋中，然後置於 0～10 °C 冷藏箱 ，冷藏箱的相對溼度維持在 80～90% 。較大的種子，例如胡桃、橡樹等，也可以先浸沾石蠟 (paraffin) 再貯藏，以保持種子之含水量。

㈤超低溫貯藏方法

將含水量為 8～15% 的種子先密封在容器中，再將此容器浸埋於液態氮中。由於液態氮的溫度可達零下 196 °C，因此這方法稱之為超低溫冷藏。操作此方法時，冷凍和解凍的速率在操作過程中非常重要。雖然利用此方法需要特殊設備來降溫至 −196 °C，然對種原需要長時間之貯藏者，此方法仍非常實用。

◆第五節　種子的品質◆

種子是一個帶有貯藏養分的植物胚胎，並包被在具保護作用的種皮內。因此種子要發芽，首先種子內的小植體——胚，必需要是活的，亦即在正常的環境下，種子可以正常發芽。因此常用種子發芽的百分比來代表種子的活力。不過有些木本植物種子發芽所需的時間太長，為節省時間則採用「軟 X 光」檢查種子活力，或者將裸胚浸於三苯基氯鹽（簡稱 TTC）溶液中，若胚是活的，則會呈現紅色，以代替種子發芽率試驗。高品質的種子除了具有高發芽百分比外，同時具有迅速發芽、很強的幼苗生長勢，以及小苗整齊正常的外觀。因此在種子行業中，常用種子生勢 (seed vigor) 來表示種子品質的好壞。也就是說，在評定種子品質好壞時，除了計算發芽百分率以外，另需計算發芽勢 (germination rate)。

發芽勢的計算有兩種：第一種計算方法是達到特定發芽百分比所需要的天數；第二種方法是計算胚根萌發的平均天數，其公式如下（N 為發芽的種子數，T 為從播種到調查時的天數）：

$$平均天數 = \frac{N_1T_1 + N_2T_2 + \cdots\cdots + N_nT_n}{所有發芽的種子數}$$

對於木本植物種子和一些多年生草本植物種子而言，由於發芽所需的時間很長，因此也有以發芽值 (germination value) 來表示種子的品質。要計算發芽值時，首先需定期的調查種子的發芽率，然後由調查的數值作一發芽曲線圖，並從此曲線圖將種子發芽過程分成快速發芽期和緩慢發芽期兩個階段，然後由下列公式計算出發芽值。

$$發芽值 = \frac{快速發芽期所達到的最高發芽百分比}{達到快速發芽期終點所需天數} \times \frac{種子發芽的總百分比}{種子最後發芽所需天數}$$

種子活力與發芽勢以及發芽率之間有密切關係。種子活力降低後發芽勢降低，而後發芽率降低，最終是種子完全不發芽。造成種子活力低下的原因很多：有可能是⑴遺傳上的問題，以至於種子發育不完全；⑵因採收或處理不當而傷害種子；⑶因貯藏不當（如種子含水量太高、貯藏溫溼度太高或遭病蟲害）；⑷貯藏太久，種子老化。

◆第六節　種子休眠◆

大部分種子成熟後都有短暫的休眠，否則種子在母株上，在溼度高的氣候下會有發芽的現象。這種暫時性的休眠現象，並不至於影響到種子播種後的發芽生長。然而有些種子，雖播種在適當的環境下仍然不會發芽，這種現象稱之為種子休眠。而種子休眠的成因可以分成四大類：

㈠由種皮的限制作用引起的休眠

這類種子由於有緻密堅硬的種皮，以至於不能吸收水分，或者限制了胚發育生長時，進行呼吸作用所需要的氧氣，而使種子不能發芽。對付這類種子，如天竺葵種子，可以用刻傷、或用砂紙磨擦種皮，或者將種子用酸液處理等方法，使種皮軟化而能吸收水分或容許氣體進出。

㈡由化學抑制物質引起的休眠

在植物果實中之果肉、種皮，或種子內之胚乳組織中常含有抑制發芽的化學物質。一旦這化學抑制物質被去除則種子可以立刻發芽。在自然界裡種子越冬後，由於種子經雨水淋洗或者經低溫，都可以去除或破壞這些抑制物質。如番茄、葡萄、蘋果、梨、瓜果類、柑桔類和芥葉之鮮果、果汁都對種子發芽有很強的抑制作用。又有一些沙漠植物的種子，由於生態環境特殊，在自然界必需經大量雨水淋洗，亦即確保有充足的水分後才會發芽，如松葉牡丹。又如鳶尾之胚乳中含有水溶和脂溶性的抑制物質，也必需用水沖洗後才會發芽。

㈢形態上發育不全的休眠

這類種子常因種子脫離母株時，胚仍未完全發育，因此在胚未完全發育前播種當然不發芽，其胚可以在播種吸水後，但在種子發芽前發育。其中又可分成三類：

1. 有些毛茛科、罌粟科、人蔘等種子的胚大小如原胚且埋藏在大量的胚乳中，當遇高溫時，胚乳產生抑制物質，這類種子，可用⑴15 °C 以下涼溫處理，⑵變溫處理，或⑶用徒長激素或硝酸鉀等處理打破休眠。

2. 如胡蘿蔔、石楠、仙客來、櫻草等，未完全發育胚的大小只有種子體積大小的一半，而且其休眠機制可能還包括內種皮限制作用和內生抑制物質的作用；用徒長素處理在 20 °C 環境下播種，可以促進發芽。

3. 許多熱帶單子葉植物如椰子類，種子需要貯藏數年才會發芽，但如果將種子貯藏在 38～40 °C 環境下，則只需 3 個月即可發芽。這類種子也可用徒長激素處理促進發芽。

㈣胚休眠作用

有些溫帶木本植物或多年生草本植物，其種子成熟到發芽之間需要有一段後熟作用，即需要一段期間之低溫溼藏。在園藝栽培上，將一層這類種子，一層溼砂（或土）置於箱中，再放在低溫環境冷藏，這種方法稱之為溼冷層積法 (stratification)（參見第四節種子貯藏——低溫溼藏）。未經低溫冷藏後熟的胚，若用胚培養方法培養，胚可以發育成植株，但是所發育的植株非常矮小，被稱之為生理矮化植株。

◆第七節　種子發芽◆

假如種子是活的，而且具有很高的活力，當休眠的因素又排除以後，只要供應適量的水分和氧氣、在適當的溫度環境下，種子即可發芽。但某些特殊的種子還必需在照光環境下才能發芽。

一、水分和氧氣

吸水是種子發芽過程的第一個步驟，當種子吸水達到含水量為26～70%，即開始發芽，因此播種的介質必需能夠提供充足而適當的水分。另一方面，種子發芽是一種活力旺盛的生命現象，因此發芽時需要大量生活的能源，這些能源都來自於呼吸作用氧化種子內所貯存養分的生理過程。因此發芽的介質除了水分外，還需供應氧氣。氧氣與水分都存在介質間的空隙中，介質中含水過多會造成缺氧，同樣的，過於疏鬆的介質雖然可以含有足夠的氧氣，卻又保有足夠的水分。介質的團粒構造會影響介質之孔隙度，也會影響介質中水分和氧氣之含量。介質團粒大，孔隙大，則氧氣含量多而不保水。反之，介質團粒小，孔隙小，則保水但氧氣的擴散速率降低造成缺氧。

另外會影響種子吸水的因子，是介質中水溶液的鹽類濃度。種子吸水是一種利用滲透原理的吸水作用；若介質中之水溶液鹽類濃度的滲透潛勢大於種子細胞溶液之滲透潛勢，種子則不能吸水。因此澆水的水質之總鹽類濃度不能太高，且種子未發芽前不宜施肥。

播種的介質中，越上層的介質水分乾溼變化越大，播種初期，介質含水量激烈變化不利於種子發芽，可用覆蓋，或經常噴霧，或由底部吸水，或稍增加播種深度等方法以維持水分之穩定。

二、溫度

除水分和氧氣之外，適當的發芽溫度環境對種子發芽也非常重要。每種作物其發芽溫度各有不同的範圍；有些溫度範圍很大，有些範圍很小。同一種作物中活力旺盛的種子，其發芽適溫的範圍大；相反的，活力低的種子，其發芽適溫範圍很小。從另一方面，種子在適溫下之發芽率與發芽勢高於種子在適溫範圍外的環境下之發芽率與發芽勢。環境溫度太高，容易使發芽介質乾燥；反之介質溫度太低，則可能利於土壤病原菌之生長並危害種子。一般而言，溫帶作物的種子，其發芽適溫約在 10～21 °C；亞熱帶作物的種子，其發芽適溫約在 15～25 °C；而熱帶作物的種子，其發芽適溫約在 20～30 °C，有些種子甚至高達 35 °C。還有一些作物種子，需要在日夜溫變動的環境下發芽較順利。例如茄子種子之變溫處理為 6 °C 5 小時後再經 30 °C 19 小時，或經 6 °C 19 小時後再經 6 °C 5 小時。矮牽牛種子可以 20 °C 18 小時後再經 30 °C 6 小時處理；紫蘇種子可以 5 °C 16 小時後再經 20 °C 8 小時。

三、光線

種子發芽對光線的需求也因作物種類，甚至品種不同而有所差別。例如矮牽牛之桃紅 (Peach Red)、紅瀑布 (Red Cascade)、銀牌 (Silver Medal)……等品種，必須在光環境下才會發芽；而另外雪鳥 (Snowbird)、白瀑布 (White Cascade)、衛星 (Satellite) 等品種則可在光環境或暗環境下發芽。

光發芽的種子，發芽有需見光的時間也因作物種類而有所差別；如矮牽牛「五月節」(May Time) 品種，只需一次 10 分鐘長的光處理即可促進種子發芽；而秋海棠和櫻草花的種子則需要四次以上每次 10 分鐘長的光處理才會發芽良好。其他如長壽花種子連續光照四天發芽率可達最高，非洲堇種子則至少需要連續四天光處理才會發芽。

光處理之光照強度對種子發芽也有不同程度的影響，如長壽花種子在200呎燭光以上的光照下發芽率較高，不過對厚葉、矮牽牛、櫻草之種作物而言，光照處理期間的長短比光照強度對種子發芽的影響大。

從上述環境對種子發芽的影響，學者根據種子對光與溫度的敏感程度將作物種子區分為九大類：

1. 種子發芽不需要光且溫度適應範圍很大，約15.6～27 °C。如香雪球、蜂室花、大理花、滿天星、掃帚草、萬壽菊、紫羅蘭、磯松……等。
2. 種子發芽不需要光，但必須在涼溫環境下，即溫度在27 °C以下才會發芽，且溫度在18 °C以上時，幼苗葉綠素之形成亦受抑制。如大波斯菊。
3. 種子發芽不需要光，但必須在溫暖環境下，即在13 °C以上才會發芽，且溫度在24 °C以下，葉綠素形成受抑制。如雁來紅、鳳仙花、雞冠花、百日草……等。
4. 種子發芽不需要光，但發芽適溫範圍很小。如香石竹（一年生），適溫範圍在13～24 °C，勳章菊適溫為15.6 °C，金蓮花適溫範圍為18～24 °C。
5. 種子發芽對光有絕對需求性，但對光的適應範圍很廣(15～24 °C)。如秋海棠、大岩桐、非洲菫、長壽花等。
6. 種子發芽對光的需求是相對的；在暗處發芽時，適溫範圍小。但在光環境下適溫範圍很廣。如藿香薊、球根秋海棠、非洲鳳仙、櫻草、爆竹紅等。

7. 種子發芽的溫度很廣 (15～30 °C)，但是在 24 °C 以上高溫時，若在暗環境下，則發芽率明顯降低。如瓜葉菊、彩葉草、花煙草和金魚草等。
8. 種子在暗環境下，其發芽適溫的範圍很廣。如金盞花、矢車菊、福祿考、以及白色長春花等。
9. 種子發芽的適溫範圍很廣，但是在光環境下，高溫會抑制種子發芽或是抑制胚軸之伸長。如仙客來、飛燕草、三色菫等。

◆第八節　種子預措◆

理論上，凡是經過發芽試驗、或經三苯基氯鹽、或軟 X 光檢查過具有生命力的種子，播種在適當的環境條件（如水分、氧氣、溫度以及光照）下，應該會發芽。然而實際播種時，往往因種子的休眠作用，或者病原菌感染，使得種子發芽率或發芽勢降低，以至於在種苗生產上遭受損失，因此為了克服這些問題，在播種前常做一些預備處理，例如：

㈠克服種子休眠的預備處理

依照各種種子的休眠機制，施予各種不同的預措處理。如種皮機械刻傷處理，酸液處理，熱水處理，高溫或低溫溼藏處理，用流動水淋洗，或用化學藥劑處理（如 0.2% 硝酸鉀溶液，或 0.2% 的硫脲溶液，或 0.1% 硼酸液，或 30% 聚乙烯甘油 (PEG)），植物生長調節劑處理以及變溫處理等（參見第六節種子休眠）。

㈡保護種子免於病原菌感染的預措處理

1. 利用各種農用藥劑如億力、賜保根等，以浸漬、粉衣方式保護種子以避免病原或昆蟲為害。
2. 以次氯酸液、酒精液、福馬林液將種子行表面消毒。
3. 以溼熱或乾熱或空氣混合蒸汽的方法消毒種子。例如預防十字花科的黑斑病可以將種子浸漬冷水 6 小時後再浸於 54 °C 水中 5 分鐘，效果相當圓滿。又如將種子置於 70 °C，經過 2～7 天乾熱處理對於蔬菜作物中由病毒、細菌及絲狀菌等所引起的病害有防治效果：

   ⑴萵苣、番茄、甜椒、辣椒毒素病 (TMV)。

   ⑵各種瓜果類之綠斑嵌紋毒素病。

   ⑶番茄之潰瘍病和葉黴病。

   ⑷胡瓜、萵苣之細菌性斑點病。

   ⑸胡瓜之黑星病和炭疽病。

㈢種子的滲調處理 （又稱種子萌爆系統 Seed Priming System 簡稱 SPS）

即控制種子吸水到可以使種子進行發芽前的代謝作用但卻不發芽的含水程度。通常利用 20～30% 聚乙烯甘油（PEG，分子量 4,000 或 6,000）、或 1～2% 磷酸一鉀、氯化鈉或硝酸鉀等調整水溶液之滲透壓，再將種子浸在通氣的調整好滲透壓的溶液，置 15～20 °C 環境 7～21 天後，將溶液用蒸餾水洗淨，再將種子置 25 °C 環境下風乾。經過這種滲調處理的種子，在一般露地氣候條件下播種，可以改善發芽情形，如縮短發芽時間，克服低溫傷害或與溫度有關的休眠作用等問題。然而要注意的是，經過滲調處理過的種子貯藏壽命有限，貯藏太久會降低種子的生機。

另外為了提高蔬菜種苗的耐鹽性，可以於播種前將種子浸漬於鹽類溶液，施予逆境處理後再播種。

◆第九節　播種技術◆

一、何時播種

作物在氣候條件（溫度及雨量）適於生長的季節播種，苗木可以順利的發芽生長，理論上，這是最適當的播種時機，然而以市場經濟的觀點，卻不見得如此。許多園藝作物常被要求能周年生產；而且在非自然生長季節所生產的園產品，往往可以獲得最大的利潤。因此現代園藝作物由種子繁殖之種苗以配合栽培需要，並以獲得最佳收益來決定播種時機；在不適於播種的季節，專業種苗商，只要有利可圖，也都會以可以控制發芽環境條件的設施，配合高科技種苗生產技術生產種苗。

二、何地播種

播種的地方可分為：

1. 直播於田間作物生長的位置；凡不適於移植的蔬菜作物，如蘿蔔、胡蘿蔔、和草皮種子都常用這種方法。田間直播方法可以節省移植操作的成本，並且也不會因移植而干擾植物繼續生長。然而，直播必需有發芽整齊的優良種子，並且克服氣候條件對種子發芽的影響；而且播種時種子的距離設定也必須非常嚴格，以期在不浪費土地資源原則下，又能得到大小品質均一的種苗。

2. 播種在田間的苗床，待苗木成長到相當大小後，再移植；凡種子便宜且播種的成本低廉比移植所需費用便宜時，將種子播種在準備好的苗床，以便集中管理，降低成本，最大的缺點是種子的育苗率低；從種子播種、發芽、成苗到移植前期間，常因逆境或生物競爭而損耗。最常用撒播或條播。容易移植的木本植物，尤其是落葉性果樹或觀賞樹木多用此法繁殖。需要嫁接的果樹或觀賞樹木，也常將砧木條播於苗床，待嫁接成活後，再將嫁接苗移植。

3. 在保護環境下播種：即利用溫室、冷床等設施，提供種子發芽所需的條件，期能達最佳的發芽結果。近代園藝種苗，尤其是需要周年生產或調節產期的作物，都用此方法育苗，以克服自然環境條件的障礙。

三、播種方法

依播種操作方法，可分為撒播、條播、點播以及機械播種：

㈠撒播

即將種子以適當的密度均勻的撒布在栽培介質表面。例如每個28 × 56 公分播種盤，可播 1,000～1,200 粒矮牽牛的種子，或 750～1,000 粒孔雀草的種子。由於每株苗木都得到相同的生長空間，通氣良好且能得到充足的陽光，不會有徒長苗，移植時根也不會與鄰株的根糾纏，因此移植時根所受到的傷害減少，植株停頓生長的情況減到最少。通常種子撒播完後，上方覆蓋種子直徑 2 倍厚度的播種介質（圖 2–3）。像海棠或矮牽牛般的細微種子，或需光發芽的種子則不需覆土。因此灌溉時，以地下吸水，或噴霧的方式灌溉。種子撒播最大的缺點是病害傳播，尤其是土壤傳播的腐爛病或立枯病，一旦發生病株，則迅速蔓延到全播種盤（或苗床）。

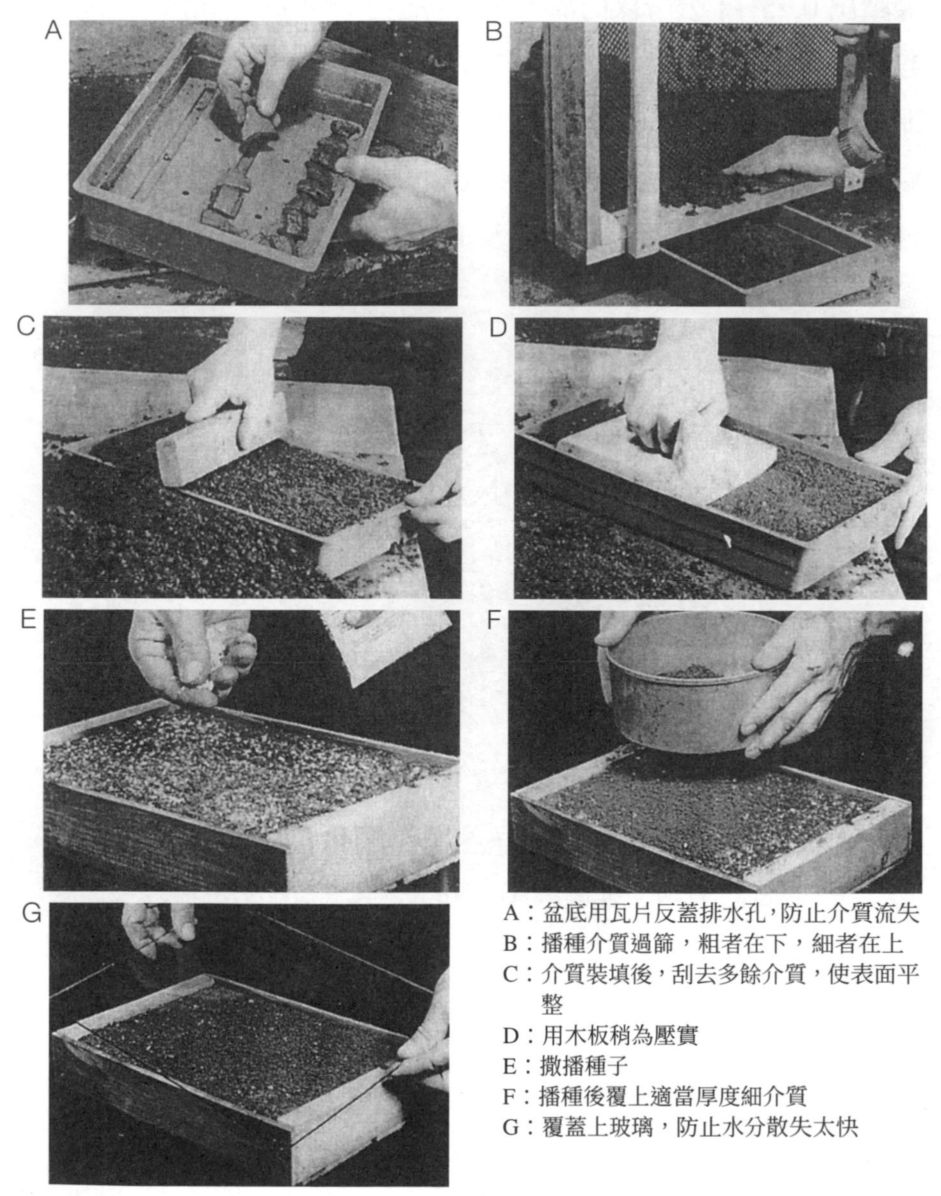

A：盆底用瓦片反蓋排水孔，防止介質流失
B：播種介質過篩，粗者在下，細者在上
C：介質裝填後，刮去多餘介質，使表面平整
D：用木板稍為壓實
E：撒播種子
F：播種後覆上適當厚度細介質
G：覆蓋上玻璃，防止水分散失太快

▶ 圖 2–3　利用育苗盤撒播育苗。

㈡條播

先將溼潤的介質裝填在播種盤（或是做成苗床），再用木板的邊緣壓出 0.25～1 公分深的溝，然後將種子稀疏的播在溝內（如圖 2-4），覆上介質再灌溉。由於條播溝槽底部被壓實，因此水分乾得慢，即乾溼變化較旁邊的介質小，且行與行之間有間隔，萬一感染土壤病害傳播較慢，且通風較好，病害不易發生；在移植的時候，操作容易，這些都是撒播方法所不及的。

▶圖 2–4　利用播種盤條播育苗。

註：與圖 2–3 比較，本圖為 "D" 圖步驟，其餘操作步驟同圖 2–3。

㈢點播

有些作物的根系，除了主軸上的胚根外，不容易再生側根或不定根。在移植時若胚根受傷，則植株後續生長將受到嚴重的限制。這類作物在栽培時，常將種子直接播種在預定培養的植穴中，不再移植。由於植穴的間隔較大，播種時以點狀直接下種，故稱之為點播。點播由於播種的面積大，而且田間的生長環境較難控制。為了改善種子發芽的土壤條件，常在下種的點（植穴），覆蓋上疏鬆肥沃富含有機質的培養土（例如泥炭土等），以保持土壤水分，並提供種子發芽所需的養分（圖 2–5）。

植穴約為種子直徑的 2 倍

播種後，植穴覆上篩過富含有機質的培養土或泥炭土

▶ 圖 2–5　不能移植的作物，在田間直接挖穴播種（點播）。

然而直播通常是由栽培者自行播種。種苗生產業者則以播種在塑膠袋內育苗（圖 2–6），或是以穴盤育苗的方式，將種子點播在穴格中育苗（圖 2–7）。由於培養的面積小，較集約、成本低。而且利用穴格育苗，當種苗移植時，根系可以避免受到傷害，移植後的生長不致停頓。

▶ 圖 2-6　草花塑膠袋育苗，工人以簡單工具裝填培養土。

▶ 圖 2-7　埔里種苗生產，以穴盤點播育苗。

㈣機械播種

由於要將種子稀疏而均勻的播種是極度困難的事，因此許多栽培者都利用機械播種。尤其是田間栽培時需要直播的種子，以及專業生產的穴盤育苗（如圖 2-8、2-9）。

很少有種子其發芽率可達 100%，因此利用機械播種時，每個植穴必須放 2 粒以上的種子，發芽率差的種子，如香雪球或松葉牡丹，每植穴甚至放 3～5 粒種子。尤其在穴盤種苗生產時，要求每個植穴都不能缺株，若有缺株，必須另花人力將空穴補齊，較不經濟。

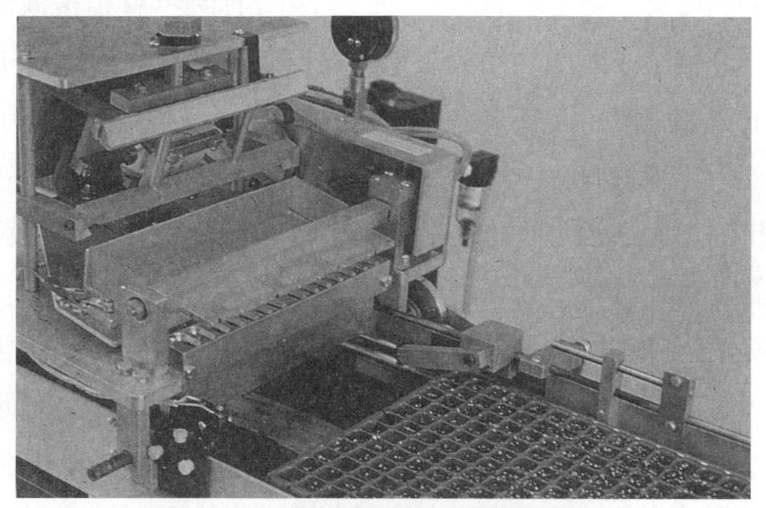

▶圖 2–8　配合穴盤育苗之機械播種。

▶圖 2–9　優良種子經穴盤育苗，生產整齊的實生苗。

四、種子發芽後的管理

㈠光

光強度會影響苗木的伸長，弱光下小苗徒長，移植後恢復很慢，甚至不能移植成活。利用人工光源育苗時，最低光度應有 1,200 呎燭光的光照強度，而且再定植於全日照環境下之前，必須有光馴化處理。但光線太強時，植物蒸散作用旺盛，在幼苗根系未完全發育時，反而植物缺水，因此種子剛發芽時，宜適度用遮光網等材料遮光，隨著植物發育，漸漸增加光照強度。

除了光強度以外，光週期對種苗培育也很重要。亦即短日作物幼苗，宜培養在長日環境下，以免苗木很快進入生殖生長而老化。例如，在秋冬短日季節，培育雞冠花苗，宜加電照，否則很快開花，不再伸長。反之，長日作物宜培養在短日條件下。

㈡溫度

一般草花種子發芽後，為促進生長宜培養在 22～24 °C 溫度環境，但三週後宜將溫度降至 15 °C，使生長緩慢下來，以健化植株避免徒長。

㈢水分

幼苗發育期的水分管理必須維持水分的穩定，水分乾溼變化太大，容易引起病害。但近移植前，水分可以漸減，以增加對環境的抗性。

㈣肥料

大部分的播種用介質，尤其是無土介質中，都含有一些供種子發育所需的養分，這些養分大致至少可供種子發育兩週所需。因此發育很快的苗，在苗期內沒有必要再施肥。然而有些種苗，苗期長達二個月以上，則在育苗期間有必要施肥補充養分。通常施肥方式是以液肥配合灌溉施用，以 1/10,000 的氮肥為標準，施用氮－磷－鉀肥比例為 15－15－15 或 20－20－20 的肥料，每週施用一次，一直到移植或出售為止。

㈤植物生長抑制物質

現代穴盤育苗，由於種苗密度很高，常常有徒長的現象。施用矮化劑，可以抑制種苗節間伸長，這樣就可以維持種苗的品質一段時間；否則一旦種苗徒長，就失去商品價值了。用益收 100～500 ppm 處理矮牽牛種苗，不只可矮化植株，同時還有促進種苗之分枝性。

習　題

1. 試比較「生殖」與「繁殖」。
2. 試述有性繁殖的優點與缺點。
3. 何謂減數分裂？
4. 何謂雙重受精？
5. 種子生產流程可分為哪幾個階段？
6. 作物種子之採收方式有哪幾種？分別如何採收？
7. 試寫出十種種子壽命很短的果樹。
8. 種子貯藏壽命受哪些因子影響？
9. 種子貯藏的方法有哪幾種？
10. 何謂「種子」？
11. 何謂種子「發芽勢」，如何計算種子的發芽勢？
12. 引起種子休眠的原因有哪幾種？
13. 何謂種子層積法？有何用途？
14. 影響種子發芽的因素有哪幾種？
15. 何謂種子萌爆處理？
16. 試比較撒播、條播以及點播等播種方法。
17. 穴盤育苗有何優點？
18. 種子發芽後，在育苗管理上應注意哪些事項？

實習 2-1　種子品質測定

一、目的：利用種子發芽試驗，測定種子品質。

二、方法：1.取作物種子播種於培養皿中，調查種子發芽數，及其發芽所需天數。

2.由 1.項所得數據，計算

(1)發芽率 $= \dfrac{\text{發芽之種子數}}{\text{種子總數}}$

(2)發芽勢

a.達到特定發芽率所需天數。

b.計算種子胚根萌發的平均天數

$$T = \frac{N_1T_1 + N_2T_2 + \cdots\cdots + N_nT_n}{N}$$

（N 為發芽種子數，T 為從播種到胚根萌發所需天數）

(3)發芽值 $= \dfrac{\text{快速發芽期所達最高之發芽百分比}}{\text{達到快速發芽期終點所需日數}} \times \dfrac{\text{種子發芽的總百分比}}{\text{種子最後發芽所需天數}}$

實習 2-2　種子預措處理

一、目的：比較不同種子預措處理，對種子發芽的影響。

二、方法：取不同特性之種子，如蘿蔔、梨、甜椒，分別用層積處理、殺菌劑處理以及種子萌爆處理後，再播種或種子發芽試驗，待種子發芽後，調查其發芽及植株發育情形。

實習 2–3　播種方法練習

一、目的：熟習各種播種方法之操作技術。

二、方法：1.利用田間露地苗床，練習撒播、條播以及點播之方法。

2.以各種穴盤裝填培養土，以機械或人工播種。

實習 2–4　播種介質之調製

一、目的：1.瞭解各種栽培介質之物理、化學特性。

2.熟習無土介質之調配方法。

3.瞭解不同種子發芽所需之栽培介質。

二、方法：1.介紹各種栽培介質材料。

2.以不同比率混合介質材料。

3.選不同種子播種於不同栽培介質，觀察其生長情形。

第3章　無性繁殖種苗之生產技術

凡是以植物之營養器官，如根、莖、葉等，經繁殖成一子代族群，這族群的植株稱為營養系植株。由於植物在衍生子代的過程中從未經兩性結合的現象，故將這種衍生後代的方法稱為無性繁殖或單性繁殖。

利用無性繁殖方法的目的有：

1. 提高種苗的均一性。所有同一營養系的植株，都能保有親本的遺傳性狀，不會有分離的現象。
2. 利用成熟植株繁殖的種苗可以提早開花，不若有些實生種苗有很長的幼年性，必須等到幼年性轉變成成熟生理狀態才能開花結果。
3. 自然界有許多不開花、或開花不結實或不易結實的作物，如大蒜、香蕉、鳳梨等，不能利用種子繁殖後代者，無性繁殖方法是唯一使這些作物續存於地球的方法。
4. 可以將兩種植物的優良性狀利用嫁接方法結合成一個植株。然而經長期以營養繁殖的種苗，植株漸衰弱，對病害的抵抗力也逐漸降低，最令當今種苗業震撼的是毒素病的傳播，幾乎使種苗生產者束手無策。另外有些營養繁殖所必需具備，其設備費用較實生種苗貴，且有些繁殖方法生產效率也遠不及由種子繁殖之種苗。

◆第一節　無性繁殖之原理◆

無性生殖是植物沒有遺傳變異的一種生殖過程之一。因此，凡是非利用種子（受精卵），以增加植物個體數量的方法都稱為無性繁殖法；如扦插、壓條、嫁接或微體繁殖等。

植物之生長是由細胞數目的增加和細胞體積增大所達成的結果。然而植物組織中，只有分生組織具有細胞分裂的能力，亦即只有分生組織可以產生新的細胞。而分生組織的細胞分裂產生新的細胞稱為有絲分裂 (mitosis)。一個分生組織細胞經有絲分裂可以得到兩個染色體完全相同的細胞。植物的分生組織可以分為初級分生組織和次級分生組織兩種。所謂一次分生組織是指從胚細胞分化後，這些細胞就未曾停止分裂細胞的作用，如根生長點與莖生長點。二次分生組織是指細胞已經分化為具有特殊功能的細胞以後，經逆分化後再成為具有細胞分裂作用的細胞，可以再生成新的植物器官，例如導管和篩管之間的形成層細胞即是二次分生組織（圖 3–1）。無性繁殖時，壓條繁殖和扦插繁殖與初級分生組織有關，而嫁接繁殖則與次級分生組織有關。

高等植物的個體，必須具備有根、莖及葉三種器官，而且能獨立存活於自然環境。換句話說，至少具有根生長點與莖生長點的植物體，才可稱為植物種苗。在有性繁殖方法中，自兩性結合發育成胚以後，即已具有往上生長的莖（葉）生長點和往下生長的根生長點。而在無性繁殖方法中：如分離或分株繁殖法，在被分開前即已具有根生長點和莖生長點不必有任何分化根或莖生長點的過程；壓條繁殖法，植株必須由莖器官分化新的根生長點；根插必須由根分化莖生長點，而葉插則需由葉分化向上生長的莖生長點和向下生長的根生長點。而在嫁接繁殖法中，則是將莖生長點（接穗）和根生長點（砧木）利用形成層分裂新的細胞將二者連結成一個植體（見表 3–1）。茲以繁殖時分生組織再生器官之層次由簡而繁分別敘述如後。

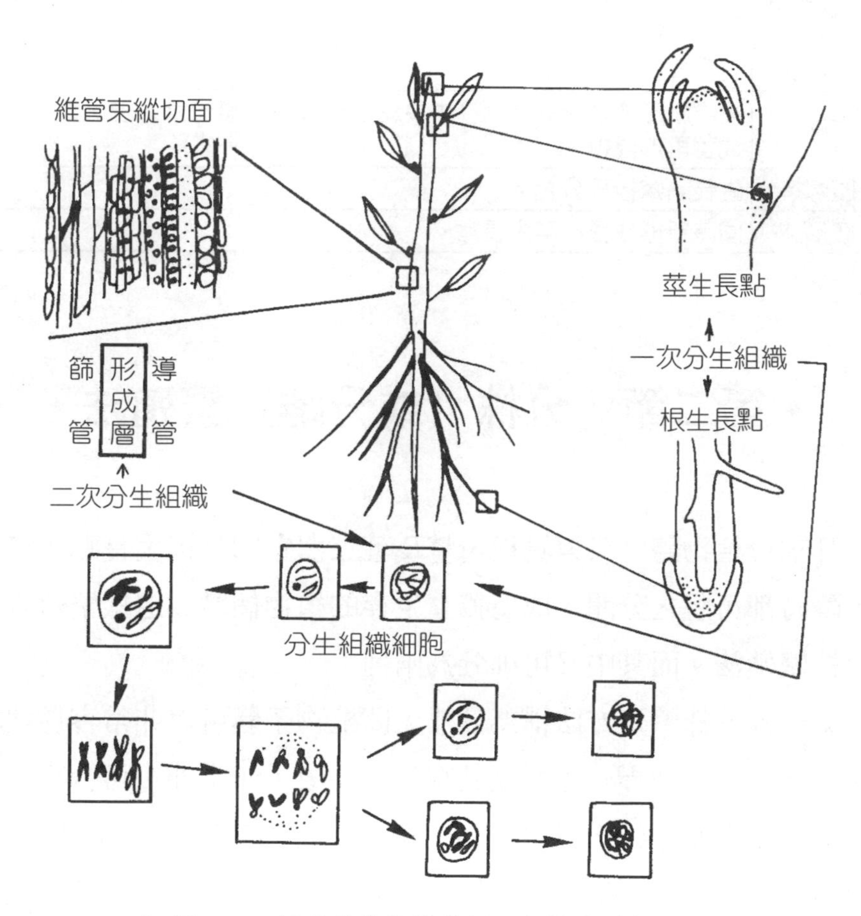

▶ 圖 3–1　植物分生組織位置及有絲分裂步驟。

▶表 3–1 各種繁殖方法與生長點的關係

分株	根與莖在分離母體以前都已具備。
壓條	根生長點之形成在壓條之後，但根在植株分離以前已形成。
扦插	根生長點的形成永遠是在植株插穗分離母體之後，(枝插) 莖生長點的生成是在插穗分離母體之後（葉插）。
嫁接	並沒有新根莖的生長點形成，只是將原有根生長點（砧木）與莖生長點（接穗）結合一起。
組織培養	莖頂或生長點培養。
微體扦插	需要新形成生長點，兩種生長點之形成在植體分割之後，大部分先形成莖再形成根。
微體嫁接	生長點嫁接再分化。
體胚形成	同時新形成根與莖生長點。

◆第二節　分株（或分離）繁殖法◆

凡部分植物體，只要具根、莖及葉三器官即具根生長點和莖生長點，隨時都可將之分開，成為獨立生存的植物個體，這樣繁殖方法稱為分株繁殖法。而其中又可細分為兩種：

第一種分株繁殖方法稱為分離，即植物子體可以非常容易地脫離母體，甚至在自然界，也可見其脫離的現象，如水仙、百合等鱗莖類之分球，唐菖蒲之木子，百合莖上之鱗芽、洋蔥花序上結成的小鱗莖，秋海棠、草莓或虎耳草走莖上的芽（圖 3–2A），或者有些花莖上著生之小植株，如吊蘭（圖 3–2B）、石斛蘭、金針花等。只要這些小植物發育達某個程度，都可輕易分離，因此分離時不會造成巨大的傷口，當然感染病原菌的機會較少。不過如果小植株之發育未達可脫離的程度，而又必須將之分開繁殖時，則必須用分割繁殖。亦即在分株繁殖分開部分植體時，如果需要借助人力才能分開者稱為分割法；如一般叢生灌木或具冠狀莖 (crown) 之草本植物之分株，或某些作物有特殊的莖變態器官如利用鳳梨、香蕉的吸芽，草莓、虎耳草的走蔓；薑、美人蕉之地下莖之分割，馬鈴薯塊莖之分塊，甘藷塊根之分塊等都屬於分割繁殖。由於要將部分植體分開，通常都會造成很大的傷口（圖 3–3)，在繁殖時，如何避免病蟲由傷口侵入植體而腐爛，是分割法首要注意防患的事。一般的傷口可以塗抹殺菌劑，如硫磺粉或大生粉，有些也可以利用高溫傷癒處理 (curing)，待傷口自然癒合後再移至介質中栽培。分割繁殖時第二件要注意的事：是根與莖葉的平衡問題。在分株的時候，如果分割的部分枝葉太多根太少，分株後，根吸收的水分不足以供應枝葉蒸散作用，則植株將萎凋而亡。反之若根太多而枝葉太少，則根得不到呼吸作用所需的能源，則部分根會萎縮腐爛，終至感染病原而亡。因此，雖然「具有根、莖、葉三部分器官就可分割成一個新的植株」，然在此分割的部分器官中，根與莖葉必須維持適當的比例。若莖葉太多，宜做適度修剪；同理，若根群太大，宜剪除部分老根，而非切除根端部分。此外，分離法可在作物休眠或生長期進行。但分割法多在生長旺盛時期進行，使分割的傷口能迅速癒合。

▶ 圖 3–2A　秋海棠走蔓上的腋芽，發育成的小植株，很容易分離。

▶ 圖 3–2B　吊蘭花莖上的小芽，已具根、莖、葉器官，容易分離，分離時，沒有明顯的傷口。

▶ 圖 3–3　將植物切割成各具根、莖、葉器官的個體，但分割時，常造成較大的傷口，要防止感染。

◆ 第三節　壓條繁殖法 ◆

壓條繁殖法由字面上的意思可以知道是將枝條壓埋入土中，待埋入土中的部位發根後，再切離母株，成為另一株可以獨立生存的植株。在自然界中，也常見到自然存在的壓條法，如樹梅、薔薇……等。由於枝條細長，最後頂梢下垂而埋入土中，經一段時間後，發根而成另一個樹叢，而原來的枝梢，則因老化而腐爛，終至完全脫離母株。

壓條繁殖法非常類似分株繁殖法。後者是植物器官自然的就擁有根、莖及葉三種器官。而前者的枝條在自然情況下是不發根的，但經過自然或人為外力的因素，使枝條埋入土中後，若埋入土中的部分可能發根，才可以繁殖成新的植株。因此壓條繁殖法的決定步驟，是埋入土中的枝條是否發根。

一、影響壓條生根的因子

㈠養分

壓條繁殖時，枝條在未發根以及與母體分開以前，所有維持生命現象和供給發根所需的養分都靠母體供應。因此不定根的生長與發育與母體的生理條件有密切關係。以落葉樹為例：在生長季節快結束時，碳水化合物和其他物質由莖頂往根的方向流動，因此此時常常成為壓條繁殖的最佳時機。而常綠樹，只要枝條上的葉已成熟，光合作用產物即可往下輸送，因此一年四季都可壓條，而且生長越茂盛，即同化產物越多，則壓條繁殖成活率越高。反之，在壓條後，如果因管理不當，導致因病蟲害或生理逆境而落葉，則壓條之發根比率則降低。

碳水化合物和其他有機物質，如植物生長素，都是經由篩管運輸，為了使上述這些有機物質能累積在壓條的部位供給發根所需，常利用環狀剝皮或刻傷皮部的方法，使養分累積在這些處理的部位而不再往下流動。

㈡白化處理

壓條繁殖在根形成的部位事先給予白化（不見光）處理，對某些不易發根的作物很有助益。白化處理可分為兩種：一種是全枝條給予白化處理，即側芽開始伸長時，就予遮光處理 (shading)；另一種是在要發根的部位，從形成時就予鋁箔或黑布等材料，遮綁成約 2.5 公分的帶狀，一直到壓條時再解開，這種處理叫帶狀白化處理 (banding)。

㈢回春處理

植物的再生作用與年齡有密切的關係，越年幼的器官，再生能力越強。壓條繁殖時，需要由莖再分化出根，因此有些不易發根的多年生作物，可以利用強剪或組織培養的方法使植物枝條回復具有幼年性，這種處理叫回春 (rejuvenation) 處理。

㈣植物生長素

和扦插方法相同，植物生長素如萘乙酸，吲哚丁酸等以適當的濃度處理在環狀剝皮的切口，可以促進枝條生根。

㈤其他環境因子

如水分、氧氣以及溫度等，和作物根生長的條件是相同的，因此維持壓條發根部分環境適當的溼度、通氣和溫度是必需的。

二、壓條繁殖利用的範圍

壓條繁殖繁殖效率低，大量繁殖時需要有大量的母株。因此商業種苗生產利用的範圍很小。利用壓條繁殖的主要目的有：

1. 扦插或嫁接繁殖不易，而種苗價值高，雖壓條成本較高，而衡量其種苗價格仍可行。例如從前臺灣玫瑰花種苗（目前已可用單芽扦插繁殖）。或者有些熱帶果樹，如荔枝、芒果等，以及蘋果、梨之矮性砧等。
2. 短期內可以獲得大的植株，如橡膠樹、變葉木、或栽培較大的果苗，可以提早達到結果期。
3. 苗木的需要量不多，但價值很高的觀賞植物，如盆景植物所需之種苗，常直接在母樹上選擇枝幹造型非常特殊的部位，以壓條的方法繁殖。

三、壓條繁殖法之種類

壓條的方法，依其埋壓的高度可分為偃枝壓條、堆土壓條以及空中壓條三種。

㈠偃枝壓條

即將適於繁殖的枝條壓入土中。對於不易發根之作物，可在節下方刻傷或環狀剝皮以促進發根。繁殖季節多在早春或秋天進行。大部分蔓性或灌木或藤本作物皆可適用此法繁殖。枝條較柔軟者，可以直接彎曲埋入土中，依照埋入土中的狀態，又可分為單枝壓條、水平狀壓條。水平狀壓條是先將前一年之枝條壓埋入土中（若枝條堅硬不易彎曲者，則先將植株重新倒伏栽培），再由此枝條上的腋芽發育出新梢，新梢的基部由於埋在土中，因此有白化處理的效果，新根就是由新梢的基部發出生長的（圖 3–4）。最後再將這些已發根的新梢切離母株。

㈡堆土壓條

某些灌木，枝條節間短但卻堅硬不易彎曲，很難將枝條偃入土中，於是利用堆土的方法，將土堆堆高至發根部位以上，使其獲得潮溼黑暗的發根條件。待枝梢發根後，再掘開土壤，切開繁殖的枝條。對於需要具幼年性枝條才會發根者，則可先將植株強剪，使作物回春，長出具幼年性之新梢，再施予堆土壓條繁殖（圖 3–5）。

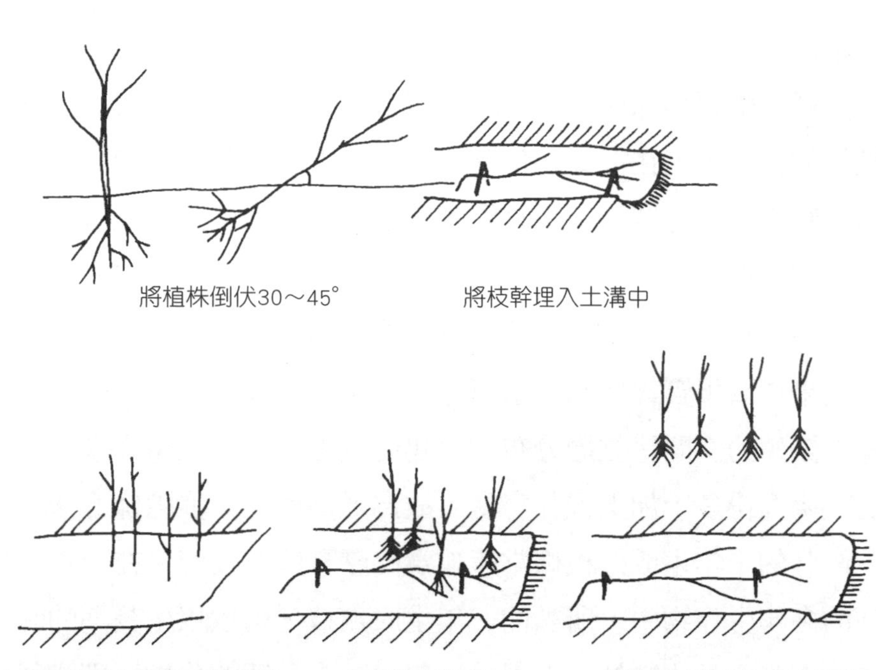

▶ 圖 3–4　偃枝壓條繁殖。

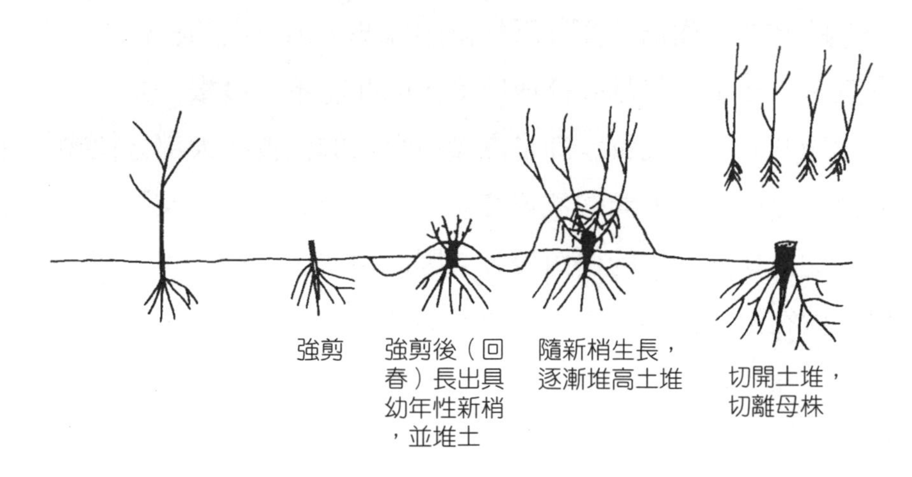

▶ 圖 3–5　堆土壓條繁殖。

㈢空中壓條

又稱為中國壓條法，是中國人所發明的。許多高大的作物其適於壓條的枝條著生在很高的位置，不是堆土法所能堆高的高度，聰明的中國人於是想辦法利用竹筒或花盆裝土來就壓條的位置，由於壓條的位置都在半空中，故稱為空中壓條，簡稱為高壓法。最早高壓所使用的材料為保水力好的黏壤，後來因為重量太重，改拌以牛糞，後來更改用質輕保水的水苔。空中壓條由於是以土就枝條，因此操作繁殖的空間呈立體分布，比起偃枝壓條或堆土壓條為平面分布的效率高得多，加上操作容易，故為最常用的一種壓條方法。

健壯的一年生成熟枝條常選作為高壓繁殖的枝條。在一年一個花期的多年生作物中，所謂的一年生成熟枝，可以以生長期的時間經過一年判定為成熟枝，然對於一年內多次花期的作物，則必須以腋芽發育到開花所需要的時間，作為枝條成熟的指標。例如雜交種薔薇（玫瑰花），依季節不同每 6～12 週即有一開花週期，因此開花枝的成熟度與落葉果樹一年生枝條之成熟度是相同的。若以「生長一年的時間」作為選擇高壓枝條的標準，則選出的枝條與落葉果樹之五、六年生枝條具同樣成熟度，因此將不易發根。

環狀剝皮的位置，即是高壓苗發根的位置。大部分植物，在節的位置發根比在節間的位置容易，而且節的位置組織堅實，病原菌不易從此環狀剝皮的傷口侵入。因此環狀剝皮的位置，即切口的上緣，就在節（葉痕）上（圖 3–6A）。

▶ 圖 3-6A　空中壓條法操作方法：選擇枝條，在葉痕處行環狀剝皮。

環狀剝皮的目的是要中斷由環狀剝皮切口以上葉片所製造的同化養分和生長素以供發根，如果剝皮的切口太窄，則形成層所產生的癒傷組織有可能癒合傷口，而失去環狀剝皮的目的。但若傷口太大或太深，則枝條又容易折斷。因此環狀剝皮的深度僅到樹皮；至於長度則以枝條直徑的兩倍為基準（圖 3-6B）。不易形成癒傷組織的作物，環狀剝皮的長度酌減短；反之，會形成大量癒傷組織的樹種（如艷紫荊），則宜稍加長。

▶ 圖 3–6B　空中壓條法操作方法：剝皮的寬度，約為枝條直徑的 2 倍。

高壓時水苔球的結實程度（調節水苔之含水量），是決定高壓成敗的重要關鍵。水苔球鬆散時，雖然初期可含大量水，但水分迅速流失；遇到雨天則又吸收過量的水。換句話說：水苔球太鬆散，高壓枝條發根部位的水分變化劇烈不利發根，即令發根，也容易因水太多而致根呼吸不良造成太高溫而死亡。適當的結實程度，可以將水分含量變化控制在較穩定的狀態。包紮時，先將水苔在手掌中壓成條狀，再直接包紮在環狀剝皮的切口上緣（圖 3–6C），最後再將塑膠紙包好即完成所有步驟（圖 3–6D）。完成的水苔包若非常具彈性，則表示操作正確。

▶ 圖 3–6C　空中壓條法操作方法：以條狀水苔，將傷口包住。

▶ 圖 3–6D　空中壓條法操作方法：結實的水苔球是成敗關鍵。

一般的作物，壓條後 3～6 週即可見根生長。剪下的高壓苗宜先浸泡水苔球部位，待吸水後再解開塑膠紙並適度修剪枝葉或加以遮蔭，以避免水分過度散失影響成活。

◆第四節　扦插繁殖法◆

凡將植物部分之器官，插（埋）入介質中，促使再生根或莖葉器官，而再成為具有根生長點和莖生長點的個體，且能夠獨立生存於自然環境，這種繁殖法稱之為扦插繁殖法。扦插繁殖法與壓條繁殖法之區別，在於再生根的時機不同；壓條繁殖是先再生不定根後再將繁殖個體切離母體。而扦插繁殖則是繁殖體先切離母體後，然後再生根或莖葉器官。

扦插繁殖方法是除了微體繁殖以外，最有效率的無性繁殖方法，也是商業種苗生產中利用範圍最廣的繁殖方法。植物能夠利用扦插方法繁殖是因為具有全能分化和逆分化的能力。所謂「全能分化」是指每一個活細胞都含有能夠再分化成一完整植物體所需的遺傳訊息，而且也具有能夠分化成一完整植株的潛力。所謂「逆分化」是指已經分化成具有某種特殊功能的細胞，如莖組織之薄壁細胞，本來已不再具備有細胞分裂的功能，重新變為具有細胞分裂能力但卻不具特殊功能的細胞。經過細胞分裂得到的新細胞，可以再分化成扦插繁殖過程中所新生長的不定根或不定芽等器官。

一、影響插穗再生的因子

作物種類或品種不同，其發根能力也有極大的差異。容易發根的作物，在簡陋的設備和粗放的管理下，仍可得到很高的發根百分率。反之，不易發根的作物，只有在許多影響發根的因素都被考慮到的適當環境下才能發根。茲將影響扦插發根的各種因子分述於下：

(一)扦插材料的選擇

1. 扦插母樹的管理：雖然每種作物之遺傳性狀各有差異，然而適於扦插之生理狀態，是由環境條件與遺傳基因交互作用所表現出的性狀。因此母樹生長之環境條件，密切地關係到扦插之成活率。例如：插穗母株應避免受到缺水的逆境，尤其是常綠闊葉樹的綠枝插，插穗內細胞內之含水量，決定扦插之成活。有經驗的種苗業者，常強調理想採穗的時機是在清晨，其目的即是在細胞膨壓最大時採穗扦插。

 插穗內同化產物的含量是發根所需的能源，因此凡是會影響母樹光合作用的環境因子，如水分、溫度、光照強度，都間接影響到插穗的發根，或利用環狀剝皮或刻傷的方法，使光合作用產物累積在傷口部位也有助於扦插時發根。另一方面，施用氮肥會改變母樹體內的碳氮比，過量氮肥促進新梢生長，也就是消耗碳水化合物，因此不利於發根。

 從植物營養分析的結果發現，錳含量高的枝條不易發根，而容易發根的枝條，錳含量都很低，因此在母樹施肥上要特別注意。此外在葡萄或馬利安那 (Mariana) 品種的李子，採穗母樹特別施用鋅肥，有助於採穗發根。

 對於有明顯開花季節性的作物而言，生殖生長（開花）與營養生長的生理狀態有明顯差異，因此採穗母樹之管理，必須維持母樹在營養生長的生理狀態下 。因此常用光週期處理來栽培母樹，如菊花採穗母株，必培養在長日環境下。

 採穗母株生長在較低光強度但不影響光合作用的環境下，有助於插穗的發根。例如玫瑰、蘋果、梨、李、扶桑花、杜鵑、槭……等作物，母樹利用遮蔭、或將枝條白化處理，或在要發根的部位在發育時先用不透光材料包纏處理，都可促進發根。

2. 採穗母株之幼年性：不易發根之樹種，不定根之形成隨著採穗母株之年齡而漸減。此處所說的年齡是指生物學上的年齡而非以器官形成時間之序列為年齡。因此樹幹基部在年幼時即已形成，是屬於幼年性組織，由此部位長出的枝條幼年性遠較高處側芽形成的枝條強。利用強剪，誘使樹幹基部長出側芽或不定芽而形成的枝條易於發根。

   不斷的摘心處理也可以恢復枝條的幼年性，許多灌木或多年生草本植物，多利用不斷的摘心，以維持插穗之幼年性，如宿根滿天星、香石竹、菊花等。又利用具幼年性植株為根砧，也可逐漸恢復接穗之幼年性；例如將已不發根的尤加利樹枝條嫁接幼年性砧木上，連續六代之後，所採的插穗就可具發根能力。

3. 插穗的選擇：雖然採穗母株都栽培在相同的條件下，然而採穗母株之遺傳性狀也會影響扦穗發根，因此若插穗母株源自於實生苗，則在選擇作為採穗母株之前，應經過選拔。又插穗著生在母樹的位置，或者插穗的長短、或者是否附帶有部分較成熟組織，或者是否開過花等，都對發根有影響。

4. 採穗的季節：闊葉常綠樹種通常在新梢生長完成時而木質部分成熟時發根最容易；而窄葉的常綠樹最容易發根的時機則在晚秋到晚冬，而根插的季節，每種作物都有特定的季節，例如紅覆盆子，每年秋到翌年春天，根插成活率高達100%，但在夏天根插則完全不能成活。

㈡插穗的處理

1. 植物生長調節劑處理：在人工合成的促進發根物質未被發現以

前，吉墨門 (Zimmerman) 發現；有些具有不飽和化學鍵的氣體如乙烯、一氧化碳、以及乙炔，對草本植物的插穗，有促進根形成與發育的生理反應。在以前歐洲的中東地區的園丁，常把穀粒放在插穗切開的夾縫中。原來發芽中的種子會產生有促進發根作用的植物生長素。

自然合成的植物生長素吲哚乙酸 (IAA) 和人工合成的生長素吲哚丁酸 (IBA) 和萘乙酸 (NAA) 之發現，是種苗繁殖史上重要的一個里程碑。因為 IAA、IBA、以及 NAA 都能促進枝或葉片產生不定根。此外，有一種含酚的除草劑 2,4-D，使用低濃度時也有如同生長素一樣的促進某些植物生根的能力。上述各種促進發根物質中，IAA 較易氧化，因此不易貯藏，在實際商業種苗生產較少使用。扦插繁殖時，常使用 NAA 或 IBA 作為發根劑，但 NAA 和 IBA 混合使用之效果，常比 NAA 或 IBA 單獨使用效果好，甚至也有將 NAA、IBA、2,4-D 三者混合使用的。

發根促進劑處理方法可分為六種：

⑴粉衣法：將插穗基部沾上發根粉。為了使發根劑能夠沾黏在插穗上，插穗基部可先浸溼。若將插穗基部預先浸沾 50% 的酒精或丙酮溶液後，再沾發根粉，則更可促進發根之效果。

⑵稀釋溶液浸漬法：將插穗基部約 2.5 公分長浸漬於含有 20～200 ppm 發根荷爾蒙（IAA、IBA，或 NAA 等）的溶液中，在 20 °C 環境下，浸漬 24 小時後再扦插。這種方法處理的時間長，處理期環境的變化常影響到植物生長素的效果，因此在種苗生產上較少使用。

⑶高濃度溶液瞬間浸漬法：將插穗基部 0.5～1 公分，浸漬於含 500～10,000 ppm（或更高濃度）的 50% 酒精溶液 3～5 秒鐘後

再扦插。這種處理方法操作簡便，生長素可均勻的附著插穗上，植物吸收快，因此不易受環境影響，處理過的插穗發根率高且穩定，許多苗木繁殖者喜歡這種處理方法。

(4)噴布處理：將插穗收集成捆，然後將含高濃度植物生長素的溶液，直接噴布在插穗基部或葉片上，雖然植物生長素含抑制莖葉生長的成分，但這是暫時的現象，對插穗發根以後的生長沒有不良的影響。

(5)插穗母株直接處理生長素：在剪插穗之前，插穗母株先噴布植物生長素。

(6)植物生長素配合白化處理：先將含 IBA 等生長素之酒精（或丙酮）溶液塗抹在載玻片上，風乾後在玻片上形成 IBA 等之結晶，將黑色 PVC 膠帶黏上結晶後再包纏在需白化處理的枝條上，結果在插穗未切離母株之前，根已開始分化，因此經過這種處理的插穗，很容易發根。

IAA、IBA、NAA 或 2,4-D 都不溶於水，因此在發根劑的調製上需利用上述植物生長素的鉀鹽配製成水溶液，或者是將上述各種植物生長素，直接溶解於 50% 的酒精或丙酮溶液，配製成所需要的濃度。至於粉劑的配製，則先將植物生長素溶解於 95% 酒精溶液中，加入適量的滑石粉並和成漿狀，再將酒精和水分風乾，磨成粉即成為所需要的發根粉，因此雖濃度單位同為 ppm，實際上液劑的濃度應為 g/ml（植物生長素質量/溶劑體積）；而粉劑的濃度為 g/g（植物生長素質量/滑石粉質量）。

另外在根插時，根穗處理細胞分裂素 (cytokinins) 有助於從根生長不定芽。而常用於植物繁殖時促進不定芽生長的細胞分裂素有 kinetin、BA 以及 PBA。這些化學藥劑之溶解，可先用 1 克當

量濃度 (1 N) 的苛性鈉 (NaOH) 溶液溶解後，再用水稀釋到所需要的濃度。

2. 殺菌劑處理：插穗在扦插過程中，容易受到存在水或扦插介質中病原菌之感染。因此插穗切口直接塗抹億力、大生粉、或硫粉，可以抑制疾病發生提高扦插成活率，也可以在發根劑中添加殺菌劑，例如植保一號發根粉其主要成分為 NAA 和億力（殺菌劑）。

3. 無機養分處理：在所有無機養分中，硼已確知與根的生長有密切關係；例如秋天採收的英國冬青插穗，經硼和 IBA 共同處理後，無論發根的速率、發根率，以及根的生長速度都明顯的增加。

4. 插穗的割傷處理：插穗割傷可以使植物同化產物和植物生長素累積在受傷的切口；很顯然地，組織由於受到傷害的刺激而細胞分裂而產生根原體。另外由於割傷使得插穗接觸介質的表面增加，因而增加吸水量。還有，有些插穗，有很強韌的厚壁組織，經刻傷後，根原體就可容易向外穿出厚壁組織，迅速發根。在許多木本植物的扦插中，如杜鵑、柏樹，當插穗基部帶有較老的組織時，常用刻傷方法促進發根。

㈢扦插環境的影響

1. 根形成的環境：即是指扦插介質而言。扦插介質主要有四個功能：⑴固定插穗；⑵供給水分；⑶供給氧氣；⑷提供發根所需的暗環境。因此理想的扦插介質必需有充足的孔隙，使氧氣可以迅速進入介質中插穗基部位置；另一方面還需有高保水力而卻不積水。此外，無病原菌也是必備的條件。表 3–2 是理想扦插介質的化學性與物理性。

2. 光強度與光週期：扦插時所需的光強度因作物不同而異，如扶桑花在低光環境下發根較好；但有些草本植物，如菊花、天竺葵等在冬季時將光度提高到 116 W/m^2 時較好。以扦插的種類分，綠枝插的環境需要光進行光合作用以利發根。相反的，落葉枝插時，則不需要太強的光度。

光週期不只影響莖發育，同時也會影響根形成。以秋海棠葉插為例，在短日低溫環境下，可以促進不定芽的形成但卻抑制不定根的形成；而在長日高溫下則可促進根的形成。另外在種苗生產時，必需維持種苗在營養生長狀態下，因此對於有光週性的切花作物，在整個育苗的過程中，必需利用光週期控制，以免插穗進入花芽分化期。例如菊花、聖誕紅……等作物，在短日季節時，插床必需備有暗期中斷的設備。

▶表 3–2　扦插介質物化性質理想的標準

特性	標準範圍
化學性	
pH 值	4.5～6.5，最好在 5.5～6.5，且緩衝效果越大越好
可溶性鹽類	以 1 土：2 水之比例抽出之土壤溶液其鹽類濃度在 400～1,000 ppm
陽離子交換能力	25～100 毫克當量/公升
物理性	
容積比重	0.30～0.8 克/立方公分（乾介質） 0.60～1.15 克/立方公分（溼介質）
空氣孔隙度	15～40%；最好在 20～25%
保水能力	在水排乾後，占總容積的 20～60%
團粒穩定性	不會立刻分解，改變團粒構造

3. 溫度：對溫帶作物而言，18～25 °C 是適當的發根介質溫度，對於熱帶作物則適當溫度在 25～32 °C 。而氣溫則以日溫為 21～27 °C，夜溫 15 °C 最適於發根。

4. 水分：綠枝插時，除了插床介質保水力良好外，還必需注意到葉片的水分潛勢。因為葉片可以行光合作用促進發根，但葉片也是插穗失水最快的器官。當葉片遭受缺水逆境時，細胞內的水分潛勢低於 −1.0 MP_a 時，插穗就不能發根了。而控制葉片水分散失的方法可分為封閉 (enclosures)、間歇式噴霧 (intermittent mist)，以及造霧 (fogging) 等三種方法。所謂封閉系統，主要原理是減少蒸發以提高空氣中相對溼度，進而有降低蒸散作用的效果，常用的封閉空間中較高的有 PE 隧道；或利用框架，最上層用透光或半透光的材料封蓋住；而高度最低的方法是直接將薄不織布覆蓋在插穗上。間歇式噴霧系統和造霧系統，是利用在空氣中噴霧（水珠直徑約 50～100 μm），或利用造霧機造霧（霧滴直徑小於 20 μm），由於水分蒸發而降溫，同時提高空氣相對溼度，因而降低插穗之蒸散作用。噴霧方式（圖 3–7A）是商業種苗生產利用最廣的方法。噴霧設施的控制系統可以用計時器（圖 3–7B）和天平式控制器（圖 3–7C）、電葉式控制器或電腦控制，但以前二種控制器最常用。

▶ 圖 3–7A　噴霧扦插設備：噴出細霧的扦插床。

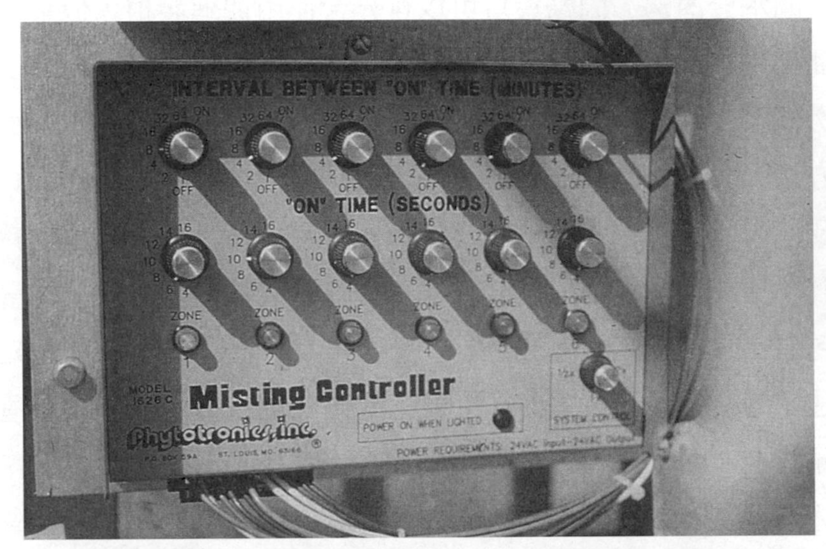

▶ 圖 3–7B　噴霧扦插設備：定時式的噴霧控制開關。

▶ 圖 3–7C　噴霧扦插設備：天平式的噴霧控制開關。

二、扦插之種類

扦插種類因器官部位不同可分為莖插、葉芽插、葉插和根插。有許多作物可以利用各種扦插方法繁殖，選擇扦插之方法，應在苗圃所在地先天環境條件下，選擇容易操作、費用低廉，以及成活率高的方法。茲將各種扦插方法分述如下：

㈠莖插

扦插繁殖的莖段已具有頂芽和腋芽，若在正常的條件下由莖段發育新根，即可成為獨立的植物個體，依照枝條木質化程度之特性可分為落葉枝插、常綠枝插、半木質莖扦插，以及草質莖扦插等四種。

1. 落葉硬木扦插，常利用於落葉樹種。插穗取自成熟且葉片脫落但新芽未長出以前的休眠枝。因此扦插的季節，從晚秋落葉後，一直到翌年早春，枝條尚未發芽，由於插穗仍在休眠狀態下，所以插穗貯運非常方便，同時也是最容易操作的方法。

   插穗選自前一季生長已成熟落葉的休眠枝條，枝頂梢部分，通常所貯藏養分低，因此剪除不用，只用枝條中下部位。所取插穗長度從 10～25 公分不等，易發根的種類插穗可以短一點，但至少每枝插穗含有 2 個節。大部分木本植物發根的位置在腋芽或靠近節的節間，因此插穗基部切口的位置在節的正上方，而每枝插穗頂部切口在腋芽上 1 公分位置。

   有些不易發根的樹種，例如李、梨、蘋果等，如果地上部氣溫較高，腋芽常在未發根前即已伸長，最後由於養分已供發芽而不能發根，終至水分吸收不足而萎凋枯死。這類的插穗，常在基部處理吲哚乙酸等促進發根物質，再置於溫暖潮溼的環境，促進插穗基部在未發芽前先形成癒傷組織，然後再扦插到適當環境發根、發芽。

硬木綠枝插適用於針葉常綠植物，如龍柏、扁柏、杉木等；或作為砧木用之窄葉木本植物。插穗的來源也是前生長季生長成熟的枝條，只不過因為是常綠樹，沒有落葉現象而已。繁殖季節多在晚秋到晚冬，植物生長緩慢的時期。插穗只採頂梢 10～20 公分長，插入介質的部分，必須去除所有葉片。由於插穗帶有大量綠葉，為了避免蒸散作用過於旺盛而散失水分，通常在有光、且溫暖、高溼的環境下扦插。有時為了促進發根，常在插穗基部刻傷、或劈開穗木基部、或在插穗基部帶點老莖，如踵枝插或鎚形插（圖 3–8）。

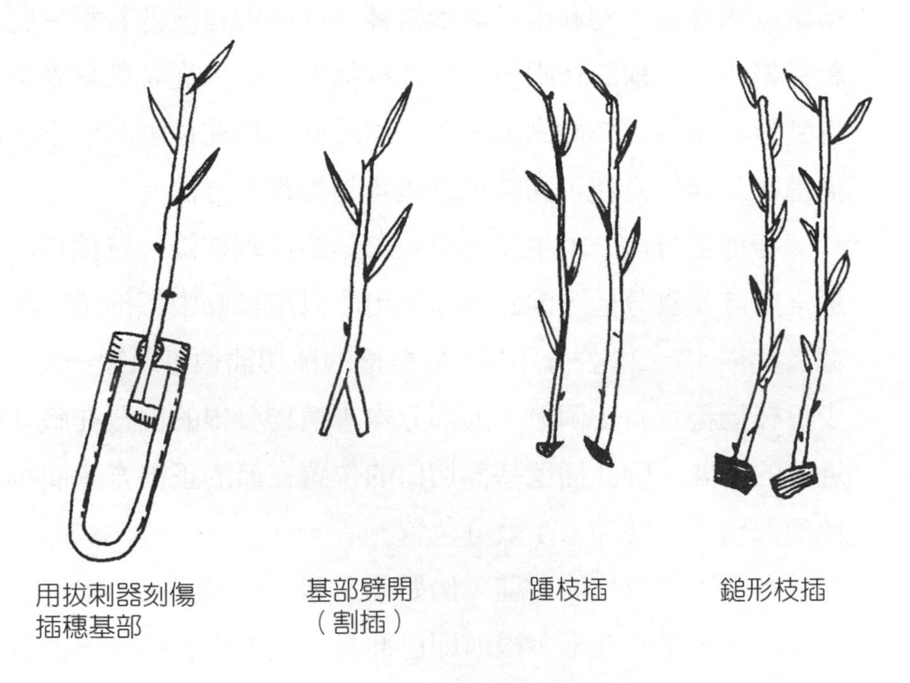

▶圖 3–8　促進扦插插穗發根的各種方法。

2. 半木質莖扦插：此種扦插方法適用於常綠闊葉樹種，通常在新梢生長後，在夏天當新梢半成熟時扦插。不過有時也適用於闊葉落葉樹種；在夏或早秋，枝梢成熟。若在春天枝葉未成熟時進行扦插，則一定要帶有老莖組織，即所謂踵枝插或鎚形枝插。

　　插穗只取半成熟的部分，未成熟頂梢或基部完全成熟部分都不適作為插穗。每段插穗約 10～15 公分。為了促進發根，插穗基部常需剝皮或刻傷並處理發根荷爾蒙。由於插穗帶葉，因此繁殖需在噴霧插床進行。為了避免過度蒸散作用而失水，插穗上的葉片酌量修剪。插穗中所帶的水分與養分之多寡，是決定扦插成敗的關鍵。在清晨採插穗時，插穗含水量高；但在下午採插穗，則光合作用產物累積較多。因此何時採插穗最適當，宜因作物種類而定。此外，若在下午採穗，則迅速置冷水中降低插穗之田間熱，不但可以降低呼吸作用，減少光合作用產物之消耗，同時還可增加插穗之含水量，只是要特別注意冷水中是否含病原菌。

3. 草質莖扦插，適用於大部分草本植物，尤其是花卉作物（圖 3–9）。只要有防寒設備，扦插床有加溫設備以及噴（灌）水設施，應可周年生產。

　　扦插的插穗約 7～12 公分，選自強健且部分成熟的枝梢。插穗可帶葉或不帶葉，不帶葉的插穗成熟較高。插穗原來生長的節位會影響插穗以後的生長與發育；取自枝條基部的插穗，發根較慢，但所發的根較多，且由腋芽生長出的新梢較長。而選自頂梢的插穗，發根較快，但腋芽生長出的新梢較短，而且植株頂端優勢較強，以後的植株，下節位的腋芽較不易萌發。扦插所需噴霧床、介質的條件，以及插穗的降溫處理皆與半木質莖扦插方法相同。

▶圖 3–9　草質莖扦插（田尾菊花育苗）。

4. 葉芽插：適用於熱帶灌木、闊葉常綠樹或花卉等觀賞植物，通常在營養旺盛的生長時節進行扦插。葉芽插亦可視為單節的莖插（圖 3–10）；但葉對生之作物時，則將單節的莖縱剖為二，使每個插穗有一飽滿的腋芽、葉片以及少許莖組織。

扦插插穗必須處理發根劑；介質宜用半量草炭土和珍珠石混合介質，腋芽及葉身不可深埋介質中。

▶ 圖 3–10　葉芽插（玫瑰單節扦插）。圖右：植株生長素濃度太高時，葉片也會長根。

㈡葉插

適用於葉質厚的熱帶觀葉植物。插穗可為全葉、葉身或僅部分葉身（圖 3–11）。扦插介質可用疏鬆砂壤、砂，或其他疏鬆人工介質。有柄葉插可將葉柄插入介質中（圖 3–12），無柄葉插則將葉脈面向下，葉脈刻傷，傷口部用針或介質固定，使確實能接觸介質、吸收水分。扦插環境需要高相對溼度，因此技術上可用噴霧床或用封閉的容器。

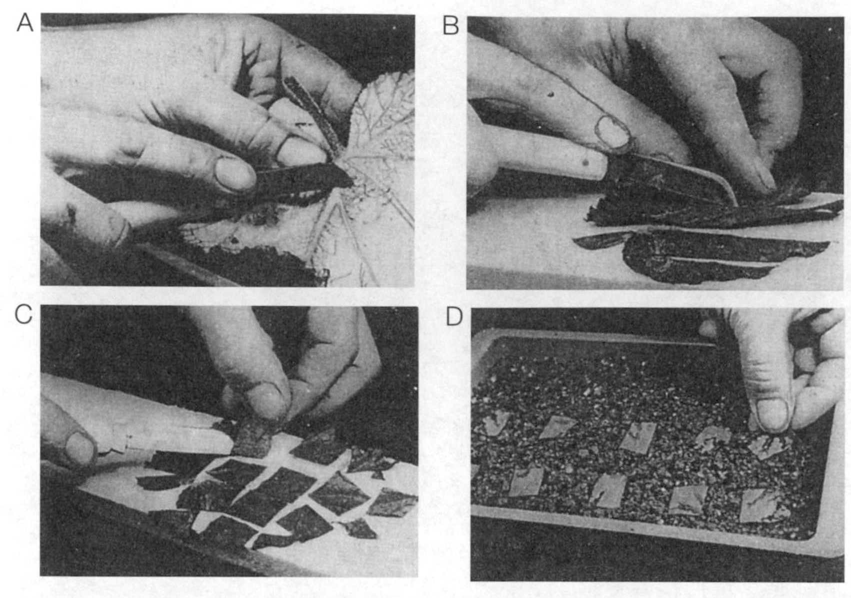

▶圖 3–11　秋海棠葉插、全葉插時，在較粗葉脈刻傷（圖 A）後，平鋪於介質上，或將葉片分切成小塊，再將葉片平鋪介質上（圖 B、C、D）。

▶圖 3–12　非洲堇葉插。先切取健康的成熟葉片（圖左），將葉柄插入介質中（圖右）。在葉柄基部會形成不定芽。

㈢根插

由根組織形成不定芽的作物都可用根插繁殖。通常在晚冬到早春之間進行，在種苗生產上非主要方法，大多在作物移植時，有多餘的殘根才利用根插。扦插時每根段約 3～15 公分，由於根段上沒有芽眼，扦插時要注意根段的極性，以及病原菌感染（圖 3–13）。

▶ 圖 3–13　磯松根段扦插。由根段長出大量不定芽。

▶表 3–3 扦插繁殖摘要表

扦插種類	適用種類	適宜季節	適宜植物器官	插穗切口位置	插穗位置	扦插方法	扦插介質	環境條件	特殊操作處理方法
木質莖(甲)(落葉枝插)	某些落葉樹和大部分落葉灌木	晚秋→早春	枝條基部或中間部分	基部切口在節正下方 頂部切口在芽上 1 公分	10～75 公分	基部處理發根劑後，立刻埋入溼潤的草炭苔中，到癒傷組織形成後，扦插插穗插入介質 5 公分深或 1/4 插穗長度	疏鬆砂質壤土	插穗母株栽培於全日照下	插穗也可以在晚秋後採集冷藏（不結凍的低溫下溼藏）待早春一起扦插
木質莖(乙)(窄葉常綠木本植物)	大多數砧木用實生常綠喬木或灌木	晚秋→晚冬	前一生長季發育的成熟枝頂部	由莖頂下方10～20公分處	10～20 公分	插穗下半部去葉後，處理 IBA 和殺菌劑，去葉部分插入介質中	砂或含半量珍珠石和半量草炭苔的混合介質	高光度高溼度環境下扦插床溫 24～26 °C	插穗帶點老莖或插穗基部刻傷都有助於發根
半木質莖	木本闊葉常綠樹	夏天	部分成熟的新梢	基部切口在節正下方	10～15 公分	僅留頂端 2～3 葉，闊葉植物也可剪葉減少蒸散，基部處理發根劑，去葉部分插入介質中	半量珍珠石半量蛭石混合或半量珍珠石半量草炭苔混合	用噴霧插床	清早採穗使插穗含有足夠水分或採穗回來置冷水中，待田間熱降溫採穗，吸足水分

草質莖	多肉植物和花卉作物	通常可周年扦插	強健枝梢只需部分成熟	基部切口在節正下方	7～12 公分	同上處理，但注意最下葉不要接觸介質以免腐爛或發根，發根劑處理依植物種類而定	同上	使用噴霧插床，低溫期插床加溫	同上處理插穗降溫處理，越快越好
葉芽	熱帶灌木闊葉常綠樹或花卉作物	常葉快速生長	葉芽並帶少許莖	節	—	切口處理發根劑，芽忌深埋入介質	半量草炭苔半量珍珠石混合	選擇發育良好的腋芽維持高溼度插床加溫	—
葉	熱帶觀葉植物	周年	全葉或葉身或部分葉身	—	—	有柄葉插柄插入介質，無柄葉插葉脈面向下且葉脈傷口部分用針等固定介質上	疏鬆砂壤或砂	高溼度注意極性的問題	技術上的變化很大，可以用噴霧插床，也可以用閉封的培養皿
根	能長吸芽的落葉木本或藤本植物	晚冬→早春	根段	—	3～15 公分（根段越長新植物越大）	處理殺菌劑，若有冠狀莖者，則莖恰好在地表或者平放介質上，覆 2～5 公分左右介質	砂或砂壤	使用噴霧插床，低溫期插床加溫	插穗來自於植物，移植多餘的根，注意根段極性

◆第五節　嫁接繁殖法◆

所謂嫁接技術是將二種不同種類的植物，接合成為一獨立完整植株。在接合體上方，發育成樹冠部分者稱為接穗；另一方面，在接合體下方，發育成根系部分者稱為砧木，或稱為根砧，而整個接合體稱為嫁接苗。植物嫁接穗與砧木要結合一起，必需新生成分裂組織才能結合，而植物組織除了莖生長點與根生長點外，只有形成層有再分裂新生細胞的能力。換句話說，嫁接繁殖之成敗決定於接穗與根砧之形成層是否有新生分裂組織，是否能結合一起。新生組織結合越緊密，且能分化新生輸導組織者，接穗、根砧間可以毫無阻礙地交換水分、養分等而營共同生活。若接穗與砧木之間的結合不良，缺乏具正常功能的維管束，則嫁接苗在養分、水分的輸導發生障礙，嫁接苗即不能成活或不能成為健壯的植株，這種情形稱為嫁接不親和性。

一、嫁接的目的

嫁接繁殖常被利用於果樹類、果菜類以及觀賞樹木類的種苗生產上，其利用之主要目的分述如下：

㈠優良營養系之繁殖

園藝作物中，有許多品種由於遺傳質複雜，因此採用營養繁殖。然而有些營養系不易扦插成活；而壓條、分株繁殖效率又低時，則嫁接繁殖即成為最主要繁殖方法，如大部分果樹品種即屬之。

㈡為了利用根砧特殊的風土適應性或抗病（蟲）性

園藝作物品種選拔時，常著重於人類的喜好，以至於有些品種不能露地栽培，利用砧木優良的風土適應性或抗病（蟲）性，嫁接苗可以在露地栽培。

㈢成株更新品種

果樹苗常有很長的幼年期，因此為了縮短更換品種時，再次花費長期管理幼年期果樹，常將新品種接穗高接於成株。臺灣的高接梨除了可更換果樹品種外，另外還有調節產期的功能。另外在木本植物的育種上，為了提早評估新品種的性狀，也常將實生苗作為接穗，嫁接在預先培養的砧木成株上，以縮短育種時間。

㈣得到特殊的生長習性

如在果樹栽培上，利用矮性砧使果樹矮化；又如利用嫁接技術，使灌木成為喬木狀，如樹玫瑰。在觀賞作物中，利用嫁接技術，完成特殊造型的盆景等（圖 3–14）。

▶ 圖 3–14　馬拉巴栗利用嫁接技術生產特殊造型（孔雀開屏）的盆景。

㈤修補植株受害部分

通常根或枝幹，因凍害、害蟲害、或動物囓食，受害嚴重時，可以利用橋接或靠接方法修補受害部分。

二、影響嫁接成活的因子

影響嫁接成活的最主要原因當然是嫁接技術；即在嫁接時，接穗與砧木的形成層必需緊密靠在一起。然而許多經驗豐富的技術人員，卻也偶而在嫁接時失敗，因為有許多其他因素也會影響嫁接點之癒合。

㈠穗砧親和性

兩種不同的植物，嫁接時具有可以將接合的傷口緊密的癒合一起，而發育成強健的植株稱之為具親和性；反之，若兩種植物不能緊密的癒合，則稱為不親和性。一般而言，植物血緣越近者，相互之親和力越大；反之，親和力小。因此，同種之植物最強，同屬不同種者次之，同科不同屬者又次之。不同科之作物，嫁接是不會成活的。

植物嫁接不親和性可分為三種：即局部性、移動性以及由病毒所引起等。局部性不親和的嫁接苗，連接點的結構脆弱，且形成層或維管束組織崩壞，致使運輸作用障礙，終至根饑餓而死。解決局部性不親和的問題，可以找對根砧和接穗都具親和力的中間砧為橋，進行兩次嫁接。移動性不親和的嫁接苗，雖然接合點是癒合，但在部分輸導組織發生障礙，以至於接穗的同化產物不能順暢的運到根部，最後累積在嫁接連接點上，造成上粗下細的植株，這種現象稱為砧負（圖 3–15A）。反之，若根發育旺盛而接穗發育緩慢，造成上細下粗的植株，這種現象稱為穗負（圖 3–15B）。第三種由病毒引起的不親和性的例子如甜橙對病毒具抵抗性，因此雖然接穗含有病毒但卻不發病，當接穗嫁接到砧木酸橘時，根砧不具抗病力，因此立即造成酸橘根砧死亡。

▶ 圖 3–15A　仙人掌嫁接之砧負現象。

▶ 圖 3–15B　芒果嫁接之穗負現象。

㈡植物種類

有些作物雖不易嫁接，但若嫁接成活的植株，不只癒合良好，且生長強健。因此此類植物嫁接不易，並非是不親和性。這類作物另外還有一個特徵，即是各有特殊的嫁接方法，才能得到較高的成活率。例如核桃嫁接在波斯核桃時，皮接的效果比劈接好。

㈢嫁接時以及嫁接後的環境條件

如每種作物形成癒傷組織所需的適溫各有不同；如葡萄癒傷組織形成的適溫在 24～27 °C，因此嫁接的適溫宜在此範圍。

癒傷組織是一群薄壁細胞，因此很容易因空氣太乾燥而乾枯。所以在嫁接傷口未完全癒合以前，利用各種方法以保持傷口附近高的相對溼度，有助於接合傷口之癒合。

又細胞分裂旺盛的地方，伴隨著高呼吸作用，因此需要適當的氧氣，因此在不影響水分散失的前提下，維持高氧氣含量，有助於癒傷組織生長。所以在葡萄舌接時，常不再塗接蠟，或其他會阻礙通氣之包紮物質，以促進癒傷組織儘速癒合傷口。

㈣砧木的生長活性

嫁接方法中的皮接或芽接，在操作上需要剝皮。當根砧或接穗生長活性降低時，就不易剝皮。形成層之細胞分裂作用停頓，傷口即不易癒合。因此繁殖時以剝皮的難易判別植株的活性；不易剝皮的砧木或接穗，都不宜從事嫁接工作。

㈤其他

諸如砧木或接穗選自健壯的母本，或在接合傷口以低濃度的生長素處理，也可以促進穗砧之間傷口的癒合。

三、嫁接之種類

嫁接的種類很多，若以接穗或砧木之形態區分可分為靠接、枝接、根接和芽接四種。靠接在嫁接前，接穗與砧木都是可獨立生存的植株，待靠接成功後，再各自切斷與母體的連接。枝接在嫁接前，砧木是完整獨立的植株，而接穗僅是一段枝條故稱之。同樣，芽接時，母接穗僅是一個休眠芽故稱之。而根接時砧木為一段根段，接穗則為一段莖段。

㈠靠接法

嫁接時，接穗與砧木各在枝條上刻傷後，將傷口緊靠包紮，待傷口癒合後，將接穗植株從嫁接癒合點下剪開，而砧木部分則剪除嫁接點以上部分，即可得一嫁接苗。靠接法雖然繁殖率低，但因可周年進行繁殖，且容易嫁接成活，因此常用於不易繁殖的樹種，如臺灣的番石榴果苗之嫁接繁殖。

㈡枝接法

通常嫁接的位置約離地 10 公分左右，接在砧木的頂部。另有嫁接在樹幹側面者稱之為腹接；以及嫁接在成年樹較高位的枝條上者稱之為高接。

若以嫁接時接穗與砧木傷口的形態而分，則又可分為切接、舌接、合接、鞍接、皮接、割接、嵌接、橋接與拱接等。茲將操作方法與個別之用途分述如下：

1. 切接法：此法為我國最常用之標準枝接法，適用於大部分果苗和觀賞樹木之繁殖，繁殖期在晚秋到翌年春天都可進行。一般砧木以種子繁殖或扦插繁殖。選擇 1～2 年生枝幹約在 1～2 公分左右者。先將砧木自地面約 6～10 公分處剪去上部，選擇平直之處，將肩部削去少許，再從斷面稍帶木質部處，用切接刀垂直向下縱切約 2～3 公分，使露出樹皮內部之形成層（圖 3–16A）。

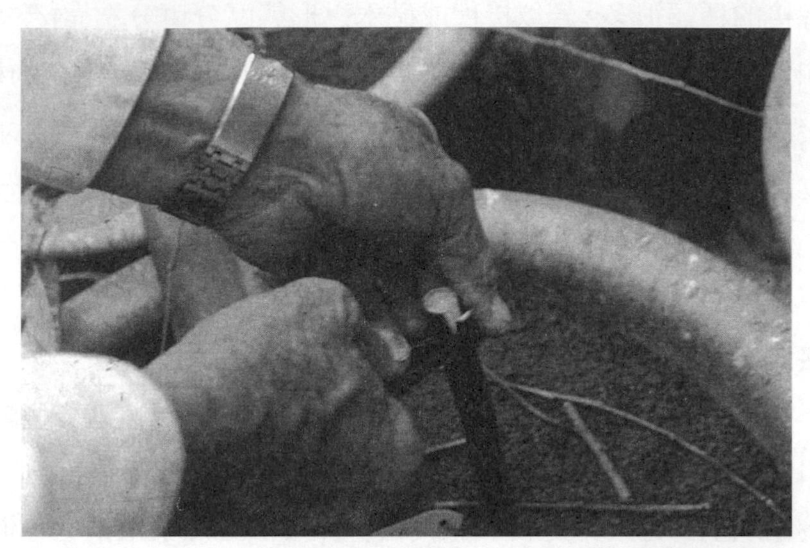

▶ 圖 3–16A　標準切接法之操作程序：砧木切口削取。

接穗則取自半年生到一年生充實枝條；落葉樹種常於早春未萌芽前剪取枝條中段長約 3～6 公分且帶有 1～3 芽之莖段，在接穗下方選平滑面，以切接刀向下帶部分木質的深度縱切長約 2～3 公分，其另一面再以切接刀斜削成鈍角（圖 3–16B）。然後將接穗已露出之形成層靠合於砧木之形成層，再以塑膠繩或帶黏性之塑膠帶緊縛。若砧木較粗時，接穗之形成層僅靠合一邊即可（圖 3–16C、D）。為了防止陽光直射，以及水分從傷口散失，嫁接包紮後常再套一層塑膠袋，然後再外覆報紙或葉片（圖 3–16E）。待嫁接成活且新芽伸長時，應迅速去除塑膠袋及遮光報紙。而在一年後更應檢查嫁接處之包紮材料是否已完全脫落，以免變成養分向下輸送之障礙，造成另一種砧負的現象（圖 3–16F）。

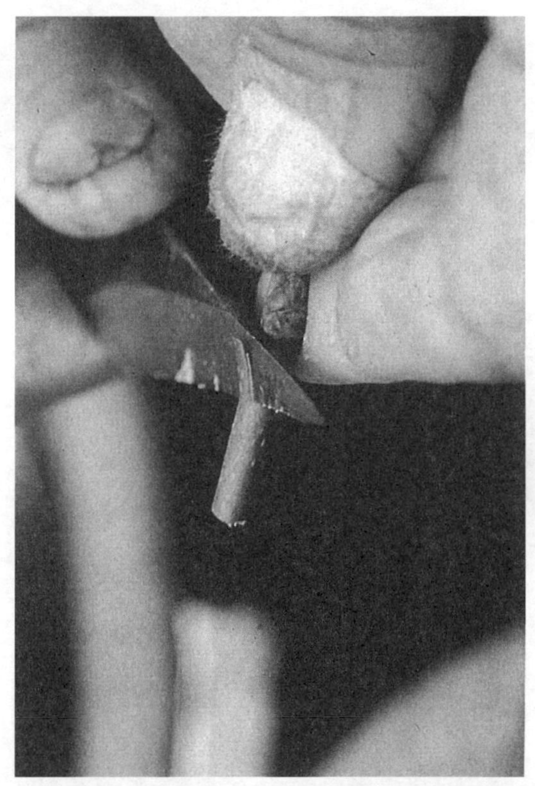

▶ 圖 3–16B　標準切接法之操作程序：削取接穗。

▶ 圖 3–16C　標準切接法之操作程序：接合。

▶ 圖 3–16D 標準切接法之操作程序：固定。

▶ 圖 3–16E 標準切接法之操作程序：套塑膠袋及紙（葉代替）。

▶ 圖 3–16F　嫁接後沒取下包紮帶子，而造成砧負現象。

常綠樹種的接穗，取自成熟枝且腋芽發育飽滿之莖段，接穗上的葉片剪除葉身而留葉柄，其餘所有操作方法同落葉樹種之切接。

2. 舌接、合接以及鞍接：舌接和切接相似，適用於砧木直徑約在 1～2 公分的小植物繁殖，但舌接一般適用於接穗與砧木的直徑相若時。除了接口的形狀外，其餘的操作與切接法相同。舌接亦可看作是合接的改良。所謂合接是將接穗下方和砧木上方削成 2～3 公分的斜面，然後兩斜面相合一起稱為合接。但是因為合接的傷口易分離，因此在舌接時，先將接穗和砧木削好的斜面前端 1/3 處，向下縱劈一刀。接合時，切口呈舌狀交互交錯（圖 3–17A）。由於劈開的木質，因此嫁接接觸面大，接穗與砧木的形成層相互接合的機率大，且木質有彈性，因此舌狀交錯的接合緊密，不太需要包紮，例如玫瑰舌接的傷口僅用夾子夾住而已（圖 3–17B）。

另外一種適於接穗和砧木之直徑相若的嫁接法為鞍接。鞍接時，接穗的基部削成鞍形。而砧木部分先截平後，再削成楔形孔，其外形恰適於接穗的鞍形。最後再將接穗套合在砧木的楔形孔中。此種嫁接通常在枝條成熟時，即可進行，尤以枝條堅硬者為佳。為了增加繁殖操作的速度，有機械操作，將砧木打成榫孔形，而接穗打成榫頭形，故又稱榫頭形嫁接。

3. 皮接、割接、以及嵌接：此二種嫁接方法的特點為：⑴都在植物休眠期間進行。⑵都是接在已成年樹頂端（高接）。⑶接穗直徑都遠小於砧木直徑。⑷砧木木質堅硬，不易用切接刀削取切口。從文字上的字義可知：皮接是直接將樹皮切開，然後嵌入削好的接穗；割接，又稱劈接，是用較厚的刀子將砧木劈開後，再將接穗嵌入劈開的夾縫中；而嵌接則是用鑿刀先將砧木鑿成 V 形凹痕，而將接穗較平一邊削成 V 形凸體，最後將二者嵌合一起。上述三種嫁接方法，在嫁接時，與切接相同隨時注意形成層必須緊靠一邊，且同樣需套袋與遮光，以防止光線太強及水分蒸散。

4. 橋接與拱接：二者都是修補治療植物創傷的嫁接法，與種苗生產無直接關係。橋接操作時，先將受害部位切除乾淨，再將接穗上下兩端呈 30° 斜切，再將接穗以皮接或嵌接方式嵌入砧木中。通常橋接都在生長季節進行，接穗長度較傷口長度長 5～7 公分，因此接合後接穗會向外鼓起如拱橋，故稱橋接。在大傷口修補時一次可接多枝接穗。若植株受害是根時，則修補的是根砧，則砧木上端嵌入受害植株。嫁接後有如拱門，故稱為拱接。

㈢根接法

根接除了砧木是以根段代替莖以外，其他所有嫁接的操作方法是相同的，由於根段直徑都不是很粗，因此根接的接口，多以切接、合接、舌接進行。嫁接的季節一般在秋冬季進行。

㈣芽接法

芽接在臺灣少有人利用於種苗生產，但在歐美頗為盛行，主要有下列優點：

1. 操作簡單，因此繁殖效率很高。
2. 因每個接穗只含一個芽，嫁接時可以節省接穗，適於接穗少而欲大量繁殖時。
3. 芽接接於砧木側面，萬一芽接失敗，可立即在其他部位補接，而且在 10 日左右即可預知嫁接成活。
4. 芽接傷口癒合較枝接的傷口堅實，嫁接成活後，接穗不易脫離。

芽接依接芽的形狀可分為盾狀、片狀、環狀以及楔狀；前三者接芽僅帶極少木質或不帶木質，因此嫁接的時節，以可以輕易剝皮的季節為宜。而楔形接芽帶有較厚的木質，即其削芽的方法就如枝接中的腹接，只是接穗的莖段僅含一個芽而已，因此嫁接的季節，除了在植株的生長時期外，也可以在休眠時進行芽接。而盾狀、片狀和環狀接芽，除了接芽形狀不同外，在嫁接操作上沒有顯著的差異，不必刻意去區分。

▶ 圖 3–17A　舌接法示意圖：接合時穗砧舌狀交錯。

▶ 圖 3–17B　舌接法示意圖：玫瑰花苗舌接接合後僅用夾子固定。

另外以砧木切口的形狀來區分芽接的方法，也是毫無意義；在嫁接時，尤其是種苗生產，所要求的是高成活率及高工作效率，然而每個人用刀的手法各有不同，因此芽接的切口，不必在乎是 T 字、倒 T 字、十字或 H 字的切口，每個繁殖操作員只需選擇在操作上最順手的方法即可，因此以下僅敘述 T 字盾狀芽接法及楔形芽接法。

1. T 字芽接法：首先選充實枝條之中段部分，去葉留葉柄後選擇飽滿而未發動的芽。從芽下方約 1 公分處切下，刀口深至木質表面時，刀口轉向使平行枝條往上滑動，待刀口接近葉痕（片）時刀口下壓切入木質部（圖 3–18A）。過芽後，刀口繼續平行於枝幹，往上滑動至芽上 2.5 公分時橫切一刀取下盾形狀接芽。若接芽帶有太厚的木質時，可將木質挑除。正確的取芽方法所取下的接芽，其內側可見到晶瑩發亮的兩點；在下方者為芽片與莖的連接點，在上方者為腋芽與莖的連接點，又稱為芽根（圖 3–18B）。若此二點脫落，則嫁接一定不能成活。

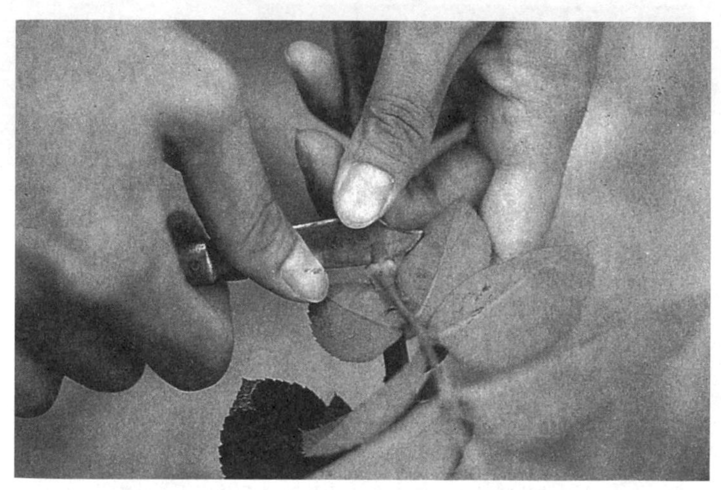

▶ 圖 3–18A　芽接法示意圖：芽穗切取。

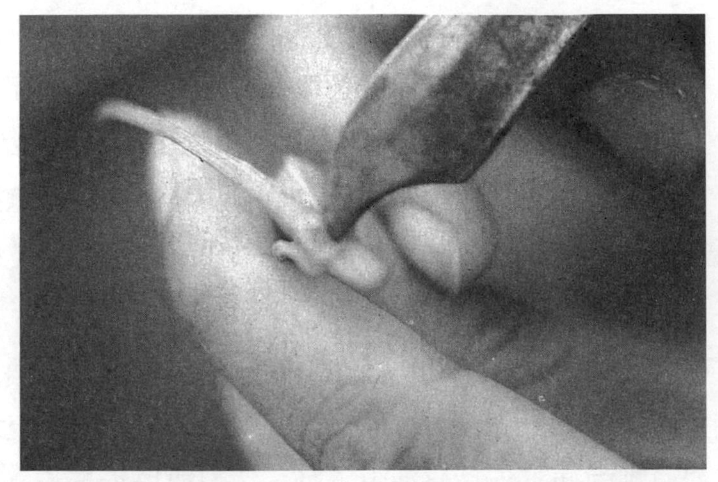

▶ 圖 3–18B　芽接法示意圖：正確方法切取的芽，有完整的芽根（刀尖所指處）。

砧木選擇直徑 1 公分左右的莖，在離地約 10 公分處，選擇平滑面，縱橫各切一刀，使成 “T” 字形，並將切縫稍微剝開（圖 3–18C）。然後將接芽塞入縫中，最後切除露出 “T” 形切縫外多餘的部分（圖 3–18D），並緊縛傷口僅露出芽眼和葉柄即完成所有操作（圖 3–18E）。

▶ 圖 3–18C　芽接法示意圖：砧木上切成 “T” 型缺口。

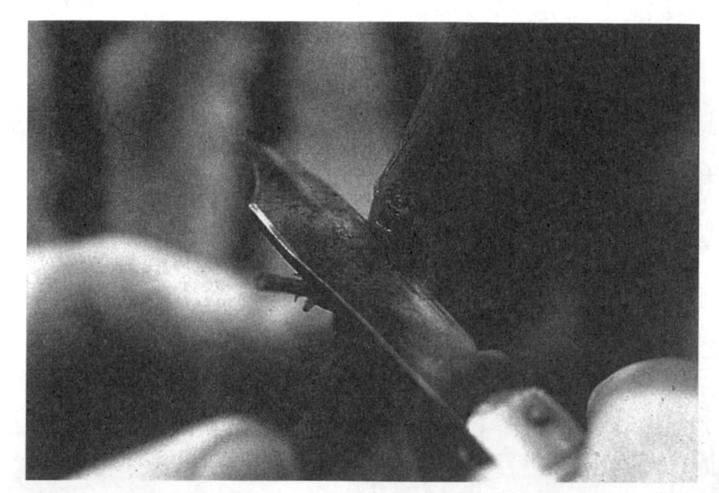

▶ 圖 3–18D　芽接法示意圖：芽穗塞入時，露出砧木缺口部位切除。

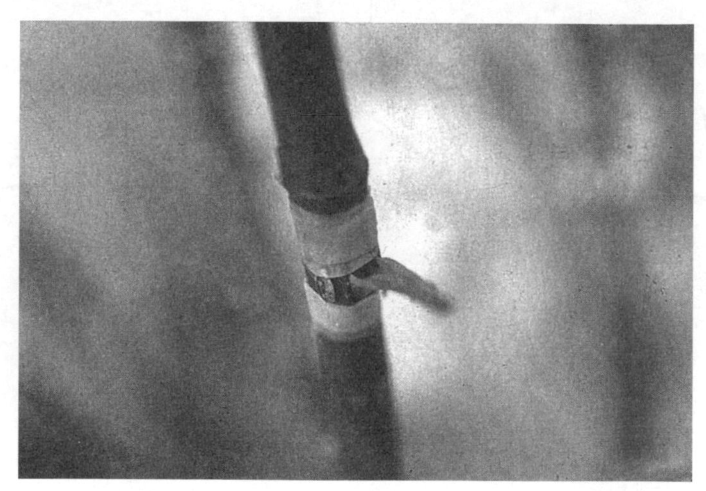

▶ 圖 3–18E　芽接法示意圖：接口用膠布固定。

2. 楔形芽接法：選成熟枝並剪去葉片，或選充實落葉枝，刀口從芽上方 1～1.5 公分處如削鉛筆狀（約呈 30°）斜削入莖中，次在芽上方以 45° 削入取下接芽。砧木的削法，是在欲嫁接的位置以與取芽相同的手法削切如接芽大小的切口。最後將接芽嵌合在切口上，緊密綁縛即完成所有操作（圖 3–19）。所有的芽接，在嫁接後都不再套保水用的塑膠袋或遮光用的報紙。

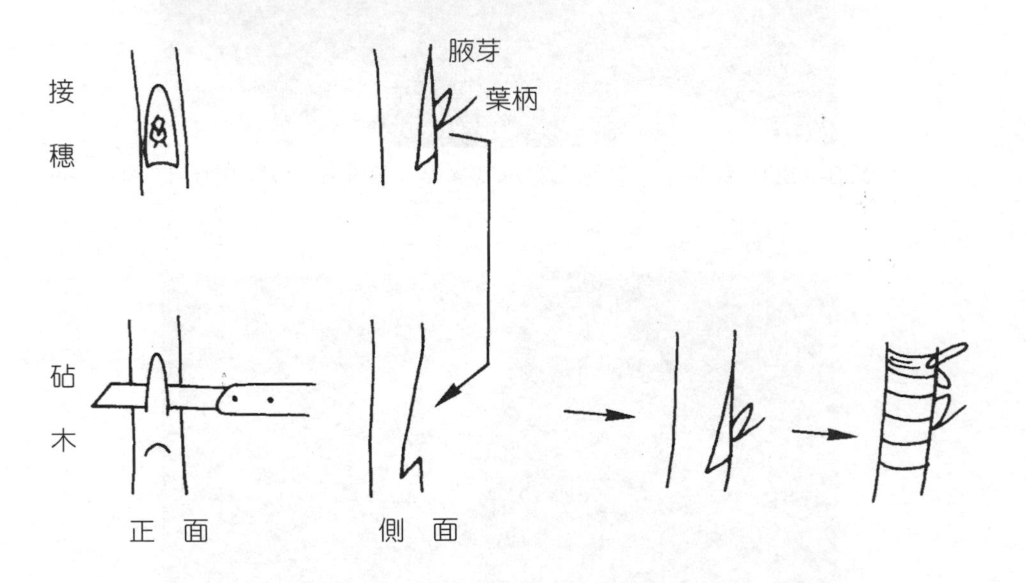

▶圖 3–19　楔形嫁接示意圖。

㈤草質莖嫁接

草本雙子葉植物也可利用嫁接繁殖，尤其是瓜類作物為了增加植株的抗病性，多選抗病性強的實生苗為砧木。常用草本作物之嫁接方法，砧木植株在發芽沒多久即進行嫁接，由於砧木柔弱多汁，在操作上必須非常小心，以避免傷害。嫁接時，常在子葉的下方，以合接的方法嫁接，可以避免嫁接苗成活後仍有砧芽的困擾（圖 3-20）。臺灣之瓜類嫁接方法，則常先剔除砧木子葉上的莖，然後再將接穗插入二片子葉之間。也有利用靠接方法，將砧木和接穗的下胚軸接合，這些方法也都沒有再生砧芽的問題（詳見第七章第一節）。

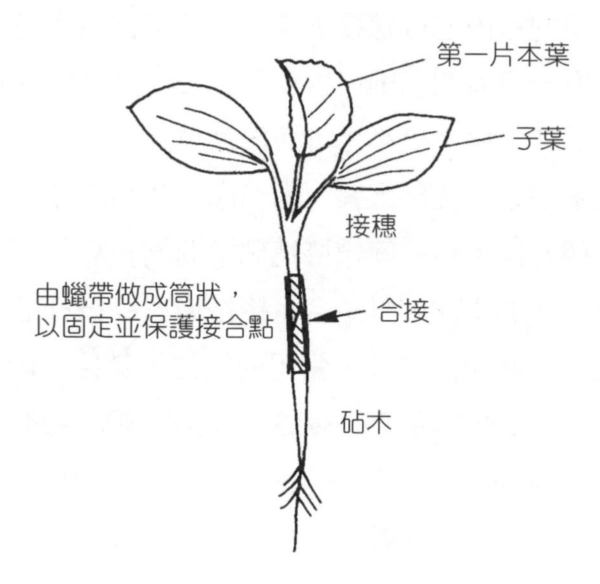

▶ 圖 3-20　草質莖嫁接，接合點在子葉下方即砧木只有根和一段下胚軸。

另一種草本植物嫁接，所使用的砧木則較成熟，且嫁接位置較高，即砧木仍留數片葉子。嫁接接口則採用割接、劈接或鞍接的方式。每一砧木只接一個接穗。和木本植物的嫁接相同，嫁接後需套袋以防水分散失。草質莖嫁接通常經 12 天後即可癒合。

㈥接插繁殖

傳統的嫁接繁殖方法，必須先培養砧木，然後在田間嫁接，工作非常辛苦。因此在六十年代以後，有所謂接插繁殖技術之研發。即接穗先嫁接於砧木莖段上，然後再進行扦插。這種繁殖方法有下列優點：

1. 不必預先培養砧木，因此生產成本低。
2. 可以在空調的室內進行嫁接操作，因此工作效率高。
3. 若砧木僅取一段節間，則可以免除日後有砧芽的問題。
4. 嫁接苗成活時，根系仍小，可適於盆植。
5. 不會因砧木根系生長勢太強，而引起不親和現象。
6. 可利用這種方法，迅速篩檢接穗砧木間的親和性。

至於接插法的操作則是結合嫁接技術與綠枝扦插（半木質莖扦插）的技術，在嫁接的技術上常用的接法如芽接（圖 3–21）、腹接（圖 3–22）、鞍接或劈接（圖 3–23）、舌接（圖 3–24）、或嵌鑲芽接（圖 3–25）等都可利用。另一方面，在綠枝插的技術，則依實際狀況可以是接穗帶葉、砧木帶葉、或是砧木和接穗帶葉。完全不帶葉的已嫁接插穗是不會成活的。而嫁接過的插穗也必須在噴霧方法扦插床的環境才能成活。

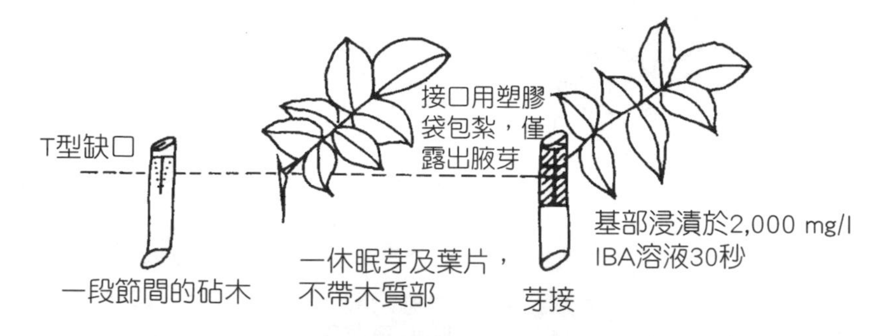

▶ 圖 3–21　芽接綠枝插方法示意圖。

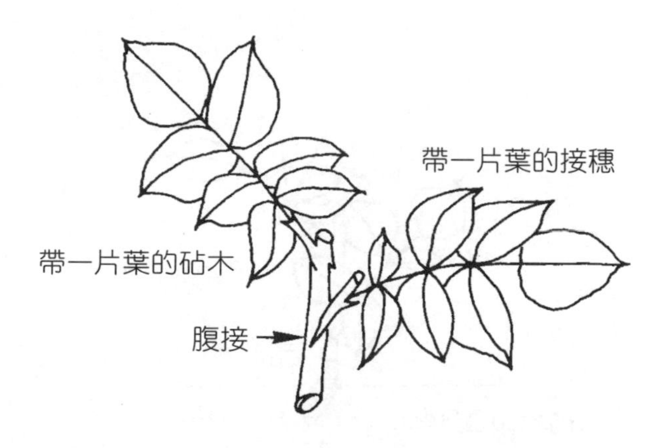

▶ 圖 3–22　以色列式的腹接綠枝插方法示意圖。

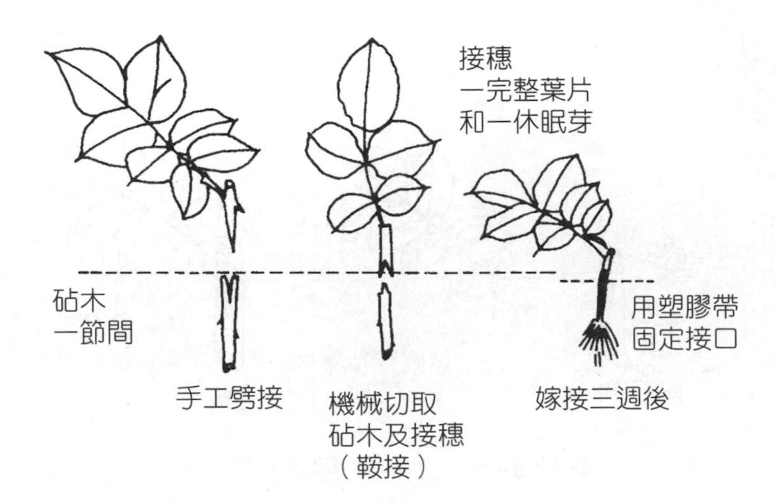

▶圖 3-23　劈接（或鞍接）綠枝插方法示意圖。

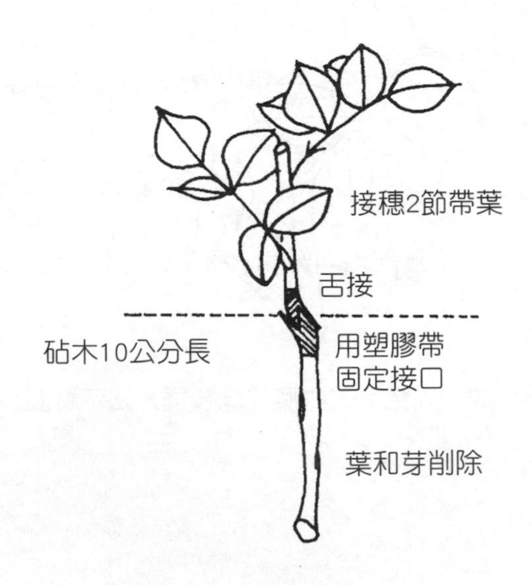

▶圖 3-24　舌接綠枝插方法示意圖。

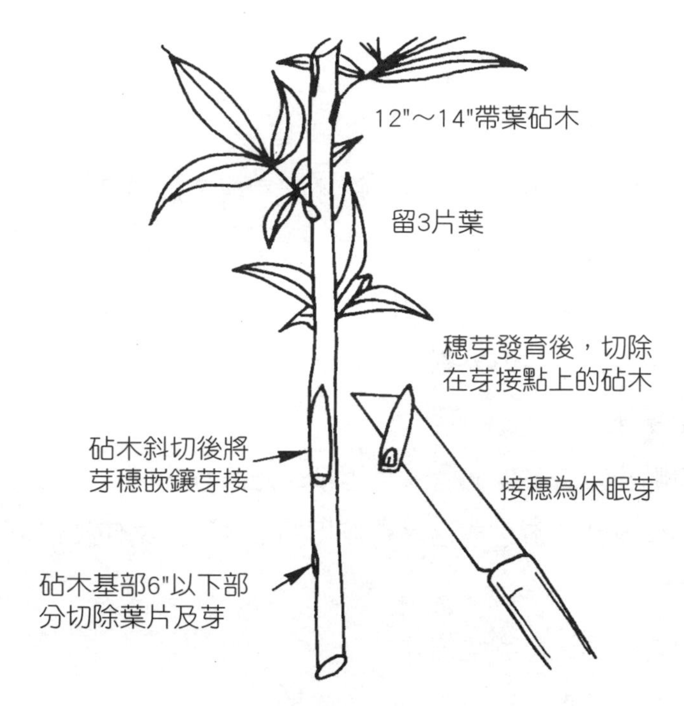

▶ 圖 3–25　嵌鑲芽接綠枝插方法示意圖。

習　題

1. 何謂「無性繁殖」？
2. 無性繁殖需不需要經由細胞減數分裂才能完成？為什麼？
3. 哪些繁殖方法與初級分生組織有關？
4. 哪些繁殖方法與次級分生組織有關？
5. 分株繁殖法中包括分離與分割，二者之間有何差異？
6. 何謂「白化處理」？
7. 壓條繁殖有哪些方法？以何者最常用？試述其理由。
8. 植物的年齡與無性繁殖之成活率有無相關？並敘述誘使枝條恢復幼年性的方法。
9. 扦插插穗之選擇要注意哪些條件？
10. 為了促進扦插成活率，插穗常做哪些處理？
11. 如何將植物生長素處理在插穗上，以促進插穗發根？
12. 試敘述粉狀發根劑的配製方法。
13. 理想的扦插介質應具備哪些物理化學性質？
14. 影響扦插成活的環境條件有哪些？
15. 以插穗的來源分類，扦插可分為哪幾種？各適用於何種作物之繁殖？
16. 應具備何種能力的作物，才可利用葉插或根插繁殖？
17. 試述葉片對綠枝插的重要性。
18. 嫁接繁殖法具哪些優點與缺點？
19. 影響嫁接成活的因子有哪些？
20. 依接穗或根砧的來源嫁接可分為哪幾類？
21. 常用枝接方法有哪幾種？
22. 芽接繁殖方法有何優點？

23.下列作物何者可以嫁接，何者不能嫁接？試述其理由。

(1)宿根滿天星　(2)聖誕紅　(3)玫瑰花　(4)可可椰子

(5)西瓜　(6)蟹爪蘭　(7)石斛蘭　(8)百合

24.何謂接插繁殖法？有何優點？

25.如何避免嫁接苗成活後，在栽培時期產生砧芽？

實習 3–1　分株繁殖方法練習

一、目的：熟習各種作物，利用分株繁殖之操作技術，並比較分離與分割繁殖之差異。

二、方法：1.以水仙鱗莖、或草莓走蔓，進行分離繁殖。
2.以虎尾蘭或嘉德麗蘭進行分割繁殖。

實習 3–2　壓條繁殖方法練習

一、目的：熟習各種壓條法之操作技術，並比較偃枝壓條、堆土壓條，以及空中壓條操作方法上之限制，和所繁殖的苗木根系發育之情形。

二、方法：1.以杜鵑花進行偃枝壓條、堆土壓條，以及空中壓條。
2.成活後，調查其根系生長情形。

實習 3–3　發根促進劑之配製

一、目的：扦插方法常需發根促進劑處理以促進插穗發根，本實習乃在熟習發根劑之配製方法。

二、方法：1.以酒精液溶解植物生長素（萘乙酸或吲哚乙酸）並加水至所需倍數。
2.植物生長素溶解後，加入定量滑石粉，並調成糊狀，經風乾後再磨成粉。

實習 3–4　枝插與根插繁殖練習

一、目的：熟習枝插和根插方法之基本技術。

二、方法：1.以使君子枝條進行枝插、葉芽插。

2.以根段進行根插。

3.成活後比較植株生長情形。

實習 3–5　葉插繁殖練習

一、目的：熟習葉插方法之基本技術。

二、方法：1.以秋海棠進行各種葉插方法如①全葉帶柄、②全葉無柄，以及葉切片塊等方法。

2.比較各種方法形成新植株之數量。

實習 3–6　靠接繁殖練習

一、目的：熟習靠接方法之技術。

二、方法：以扶桑為材料，進行靠接。

實習 3–7　枝接繁殖練習

一、目的：熟習各種枝接繁殖之基本技術。

二、方法：以梨為材料，進行切接、舌接繁殖。

實習 3-8　芽接繁殖練習

一、目的：熟習芽接基本操作技術。

二、方法：以梨為材料，進行 “T” 字型芽接。

第4章　微體繁殖

植物細胞具有分化成完整植株的能力，因此自植物體分離出的單細胞、多細胞團塊、組織或器官，若培養在適當的環境下，皆能重新分化生長成為完整的植株。 這種人工培養的技術稱之為植物組織培養。由於培養過程中，必須在無菌的環境下進行，因此所有培養都在容器中培養以隔絕雜菌，而最早的容器多為玻璃器皿，所以植物組織培養又被稱為玻璃器內培養 (in vitro culture)。

利用植物組織培養技術，可以從事種苗生產的工作，由於經由這種容器內培養所採用的培植體，或所繁殖出來的植體遠小於經由一般有性或無性繁殖方法，因此利用植物組織培養技術的繁殖方法，又稱之為微體繁殖法。目前微體繁殖技術已成為商業園藝種苗生產廣泛被應用的一種生產技術，其主要被利用的範圍及其優點分述如下：

1. 特殊營養系之大量繁殖：在理論上作物在微體繁殖時，每個月繼代一次，而每經繼代一次，作物的植株數即成幾何級數的增加。因此(1)凡是生殖率低的作物，如蘭花、球根作物以及某些觀葉植物等；(2)需要在短期內迅速上市的花卉作物，如非洲菊，以及(3)繁殖率低且生產成本高的作物，如胡桃根砧品種等，都常利用微體繁殖技術生產種苗。
2. 養成採穗母株：許多以扦插繁殖的作物，如宿根滿天星、菊花，以及杜鵑花等。當採穗母株生理年齡老化後，所生產的插穗之發根率則隨之降低。而植物經過組織培養後，常可以恢復其幼年性，亦即恢復其發根能力。因此作為採穗母株的植株，常先以微體繁殖方法培養。

3. 生產多分枝的種苗：觀葉植物盆栽，必須具備枝葉茂盛的特性。許多千年木類或黛粉葉之扦插苗，腋芽不易萌發，即分枝少，枝葉不茂盛，作為盆栽植物品質很差。而由微體繁殖所生產的苗常呈叢生狀態，枝葉茂密，作為盆栽植物品質高。因此雖然有些觀葉植物很容易用扦插方法繁殖，但為了得到較好的植株型態都改用微體繁殖。
4. 生產無病菌的健康種苗：因為組織培養技術是在無菌環境下進行培養，因此種原可以利用微體繁殖方法，維持在無病毒環境；又無菌（病毒）種苗，生長茂盛，產量高，某些作物如香石竹、馬鈴薯、大蒜等，栽培無病毒種苗，產量高，收益好。且各國海關對器內培養的種苗，視之為無菌，因此在國際種苗進出口檢驗非常方便。
5. 生產一代雜交種種子的親本以微體繁殖維持其營養系，如蘆筍、番茄、青花菜等。
6. 周年供應種苗的種苗生產：因為微體繁殖是在人工環境下生長，因此不受季節變化的影響，可以周年生產種苗。

然而微體繁殖法雖具有特殊之繁殖效果，但亦有其限制，在利用微體繁殖生產種苗之前，必須考慮下列因素：

1. 組織培養的設備，以及操作員的薪水都很高，加上繼代培養的操作都需手工操作，因此繁殖的效率高的作物才能利用組織培養方法。
2. 作物遺傳質需非常穩定，不會因組織培養的操作或人工培養基的影響而發生突變，而且每批產品都需經過檢定，以確保種苗的品種特性。

3. 為了降低生產成本，種苗生產量需達一定數量。換句話說，單一品種種苗市場的需求量很大的作物，或者傳統繁殖方法有困難者才有必要利用微體繁殖。
4. 從事微體繁殖之前必須審慎評估市場，以免對一些原本利用傳統繁殖法的地區性種苗，因利用微體繁殖而造成生產過剩的問題。

◆第一節　微體繁殖之設備與器材◆

不管微體繁殖的生產能量有多少，任何一個微體繁殖苗的生產農場，都具備有一普通化學實驗室來配置培養基，一間無菌操作室，以及培養室、插床和溫室。

普通化學實驗室應具有：(1)清洗玻璃器皿，(2)調製培養基，以及(3)儲存玻璃等用具的功能。因此實驗室中應有下列儀器設備。如：

1. 冰箱：可以貯藏化學藥品、培養基母液等易變質的物品。
2. 上皿天平和分析天平。
3. 高溫殺菌釜（圖 4–1）：溫度可達 120 °C 以上。
4. 酸鹼度計。
5. 電爐或瓦斯爐：可以加熱溶解洋菜等。
6. 純水製造器（圖 4–2）：製造蒸餾水或去離子水。
7. 貯物櫃：可以貯存玻璃器皿等。
8. 其他較次要的物品還有攪拌器、洗瓶機、超音波洗滌機、超微細過濾器……等。

▶圖 4–1　直立式殺菌釜。

無菌操作室中最重要的是無菌操作臺（圖 4–3）、解剖顯微鏡、操作所需的鑷子、解剖刀、解剖針，以及器械殺菌所需的酒精燈或紅外線加熱殺菌器等。

培養室內必須有控溫設備，溫度通常維持在 21～30 °C。另外還有以冷白色日光燈或植物日光燈為光源的照明設備，光度範圍常在 800～3,000 lux (10～40 μmol/m^2/sec) 之間，光週期則由定時器來控制。培養室內的相對溼度則維持在 30～50% 之間。此外培養室內還可放置水平振盪器（圖 4–4），或旋轉器（圖 4–5）供液體培養用。

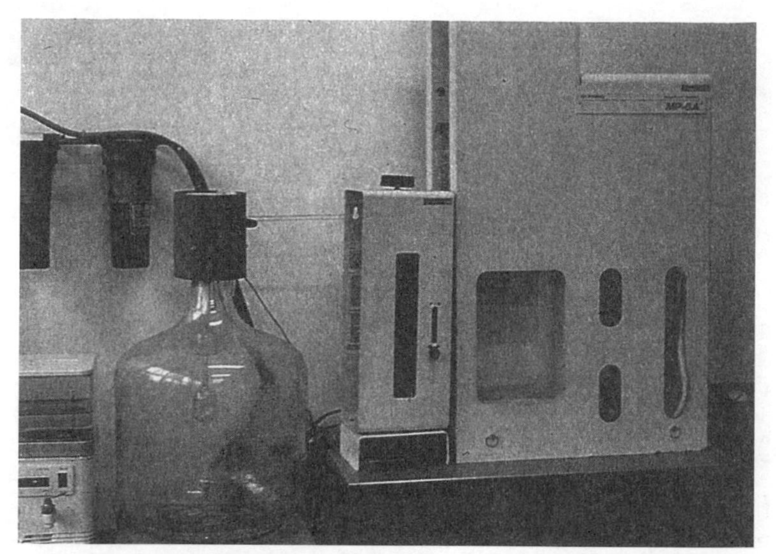

▶ 圖 4–2　蒸餾水製造機，圖左圓形玻璃缸為貯水容器。

▶ 圖 4–3　無菌操作臺，及其他操作工具擺設位置。圖右為紅外線殺菌器。

▶ 圖 4–4　水平振盪器。

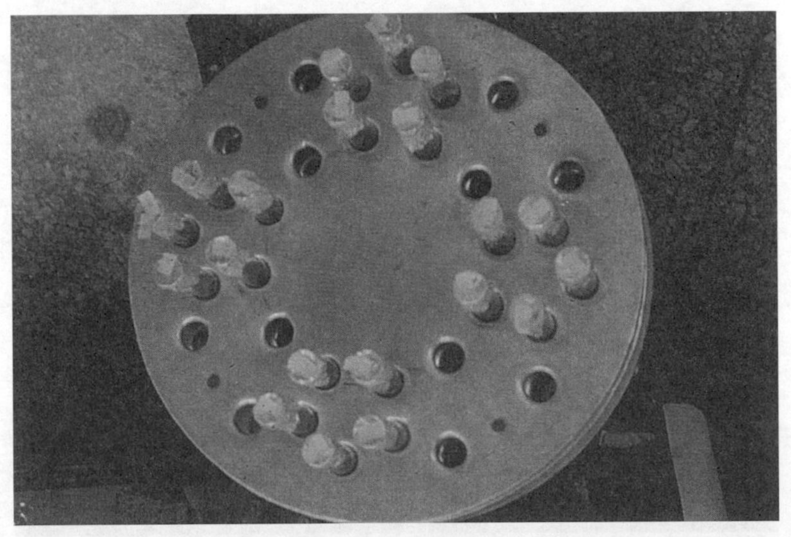

▶ 圖 4–5　旋轉盤。

◆第二節　培養基的基本成分與配製◆

一、培養基的基本成分

微體繁殖的培養基之成分因植物種類以及繁殖的階段而異。雖然有些標準配方可適用於許多作物生長，但若要作物之繁殖效率高，則需不斷的試驗，才能得到最好的結果。目前市售有配好的配方，也有只是純化合物而由自己配製。一般的培養基配方之成分主要含有：(1)水，(2)無機鹽類，(3)有機化合物，(4)天然有機混合物，(5)固化培養基的物質等。

(一)水分

培養基中有 95% 以上的成分是水，水的純度對調製培養基非常重要。研究用的培養基需用由 Pyrex 玻璃所蒸餾出的蒸餾水，但若生長點培養、細胞培養或原生質培養，則應該用二次蒸餾過的水。蒸餾水應貯存在聚乙烯桶。

(二)無機鹽類

包括有氮、磷、鉀、鈣、鎂、硫等大量元素，以及鐵、鋅、硼、錳、銅、鈷、鎳、氯、鉬、碘等微量元素。

(三)有機化合物

包括醣類、胺基酸類、維生素類，以及植物生長調節劑等。

1. 醣類：醣類是植物體生活上不可或缺的碳源和能源。其中蔗糖最為常用，其他還有葡萄糖和果糖。培養基之醣類濃度，因作物及培養目的各有不同，一般使用的濃度為每公升 20～50 公克。

2.胺基酸：甘胺酸 (glycine) 是最常用的胺基酸，濃度在每公升 2～3 毫克範圍。另外也常用水解酪蛋白，這是多種胺基酸的混合物，使用濃度每公升約 0.2～3 公克。

3.維生素類：培養基中添加維生素能增進培植體生長活力。最常用的維生素大多為 B 群維生素，如 B_1、B_2 和 B_6，使用濃度在每公升含 0.1～10 毫克。另外維生素 C 也常用做為抗氧化劑。在培養容易褐化的培植體時，每公升培養基常添加 1～100 毫克的維生素 C。還有肌醇有助於細胞壁的形成，一般用量在每公升培養基含 50～100 毫克。

4.植物生長調節劑：包括有生長素、細胞分裂素、徒長激素、離層酸，以及植物生長抑制物質。微體繁殖之培植體的形態分化因培養基中之生長素與細胞分裂素的比值而異；生長素的含量高，培植體趨向於根的形成。反之，細胞分裂素的含量高，培植體趨向於莖（芽）的形成。因此在添加時應根據不同植物種類、不同培養部位以及不同培養目標，調整生長素與細胞分裂素的比例。另外徒長激素 (GA) 可以促進莖之伸長 。離層酸可以延長體胚休眠的時間，在人工種子製程中，常被利用。而生長抑制物質，可以抑制莖葉生長，促進培植體發根。

㈣天然有機混合物

此類物質非純粹化合物，因此研究試驗少用，但在實際商業種苗生產中常被使用。其中以椰子汁最常用，一般用量每公升培養基中含 100～150 毫升。其他也常用的有酵母抽出液、麥芽抽出物、蘋果汁、香蕉泥或馬鈴薯泥等。

▶ 表 4–1　微體繁殖配方之成分

<table>
<tr><th colspan="6">培植體所需求的營養及生長調節物質</th></tr>
<tr><td colspan="5">水</td><td rowspan="11">pH 值</td></tr>
<tr><td colspan="2">有機物質</td><td>大量元素</td><td colspan="2">微量元素</td></tr>
<tr><td colspan="2">醣類</td><td>氮</td><td>鐵</td><td>鈷</td></tr>
<tr><td colspan="2">胺基酸類</td><td>磷</td><td>鋅</td><td>鎳</td></tr>
<tr><td colspan="2">維生素類</td><td>鉀</td><td>硼</td><td>氯</td></tr>
<tr><td rowspan="5">生長調節劑</td><td>生長素</td><td>鈣</td><td>錳</td><td>鉬</td></tr>
<tr><td>細胞分裂素</td><td>鎂</td><td>銅</td><td>碘</td></tr>
<tr><td>徒長激素</td><td>硫</td><td></td><td></td></tr>
<tr><td>離層酸</td><td></td><td></td><td></td></tr>
<tr><td>生長抑制物質</td><td></td><td></td><td></td></tr>
<tr><td colspan="5">未確定成分之有機混合物：
酵母抽出液
椰子汁、果汁、果泥
水解酪蛋白……等</td></tr>
</table>

㈤固化培養基的物質

最常用的為洋菜。洋菜是高分子多醣類由海藻抽出。當加熱融解後成膠體，可以吸收化合物結合水分，是固體培養基中最昂貴的成分。但洋菜用量太高，培植體吸收養分會發生障礙，更加上，不同廠牌之洋菜所含的雜質成分差異很大。目前漸有採用其他種類的固化物質，如明膠 (gelrite)、澱粉聚合物……等。

一般蘭花繁殖多使用 Knudson C （簡稱 KC） 配方或 Vacin & Went （簡稱 VW） 配方 ， 一般作物用 Murashige & Skoog （簡稱 MS）配方或 Gamborg B_5 配方。另外木本植物也常用木本植物配方（簡稱 WPM）。

二、培養基的配製

為了配製方便，經常使用的培養基都先配成 10～1,000 倍濃度的母液。將多次所需的藥劑量，一次稱重，使用時再按需要量稀釋，對於微量成分的藥品，可以減少每次稱重而造成的誤差。配製成的母液也有一定的保存期限，應儘速用完。容易因見光而氧化的化合物如 Fe-EDTA，宜用深色瓶子保存。胺基酸、維生素以及其他有機物之母液，宜以冷凍（0 °C 以下）的方式貯存。混合容易發生沈澱的鹽類宜避免以高濃度配在同一瓶母液中。非水溶性的化合物在配製母液時，應先以適當的溶劑溶解後，再稀釋成所需的濃度（表 4–2）。茲以最常用的 MS 培養基的配製方式，說明培養基配製的方法。

▶表 4–2　植物生長調節劑之物理化學特性

種類	NAA	IBA	IAA	2-4D	GA_3	BA	Kinetin	ABA
分子量	186.2	203.2	175.2	221.0	346.4	225.3	215.2	264.3
溶劑	NaOH	酒精/NaOH	酒精/NaOH	酒精/NaOH	酒精	NaOH	NaOH	NaOH
貯藏溫度	室溫	0～5 °C	–0 °C	室溫	室溫	室溫	–0 °C	–0 °C
母液貯藏溫度	0～5 °C	–0 °C	–0 °C	0～5 °C	0 °C	0～5 °C	–0 °C	–0 °C
滅菌方法	高壓釜	高壓釜／過濾	高壓釜／過濾	高壓釜	過濾	高壓釜／過濾	高壓釜／過濾	高壓釜／過濾

註：NaOH 溶液濃度為 1N。

▶ 表 4–3 各種常用培養基配方之成分（單位 mg/ℓ）

成分 \ 配方		Murashige 和 Skoog (MS)	木本植物配方 (WPM)	Gamborg B_5	Vacin 和 Went (VW)	Knudson C (KC)
大量元素	NH_4NO_3	1,650	400	—	—	—
	$(NH_4)_2SO_4$	—	—	134	500.0	500.0
	KNO_3	1,900	—	2,500	525.0	—
	K_2SO_4	—	990	—	—	—
	KH_2PO_4	170	170	—	250.0	250.0
	$NaH_2PO_4 \cdot H_2O$	—	—	150	—	—
	$Ca(NO_3)_2 \cdot 4H_2O$	—	556	—	—	1,000.0
	$CaCl_2 \cdot 2H_2O$	440	96	150	—	—
	$Ca_3(PO_4)_2$	—	—	—	200.0	—
	$MgSO_4 \cdot 7H_2O$	370	370	250	250.0	250.0
微量元素	$MnSO_4 \cdot 4H_2O$	22.3	22.3	13.2	7.5	7.5
	$ZnSO_4 \cdot 7H_2O$	8.6	8.6	2.0	—	—
	$CuSO_4 \cdot 5H_2O$	0.025	0.025	0.025	—	—
	KI	0.83	—	0.75	—	—
	$CoCl_2 \cdot 6H_2O$	0.025	—	0.025	—	—
	H_3BO_3	6.2	6.2	3.0	—	—
	$Na_2MoO_4 \cdot 2H_2O$	0.25	0.25	0.25	—	—
鐵鹽	$FeSO_4 \cdot 7H_2O$	27.8	27.8	27.8	—	25.0
	Na_2EDTA	37.3	37.3	37.3	—	—
	酒石酸鐵	—	—	—	28.0	—
有機物質	肌醇	100	100	100	—	—
	菸鹼酸	0.5	0.5	1.0	—	—
	鹽酸吡哆醇	0.5	0.5	1.0	—	—
	鹽酸硫胺素	1	1	10	—	—
	甘胺酸	2.0	2.0	—	—	—
	蔗糖	30,000	30,000	20,000	20,000	20,000
pH 值		5.7～5.8	5.7～5.8	5.5	5.0～5.2	5.0～5.2

㈠母液的配製

將 MS 配方所需的化合物分成四大類：第一大類為大量元素，通常以 4 倍的濃縮液為貯存母液；第二類為二價鐵，以 200 倍濃縮液為貯存母液，需貯存於暗色容器；第三類為微量元素，以 1,000 倍濃縮液為貯存母液；第四類為有機物，以 200 倍濃縮液為貯存母液，預先分裝成每 5 毫升 1 瓶後，再置於 0 °C 以下冷藏。另外植物生長調節劑，則都以 0.1～1% 的濃度為貯存母液。

㈡配製培養基

先取 500 毫升蒸餾水，再加入第一類母液 250 毫升、第二類母液 5 毫升、第三類母液 1 毫升、第四類母液 5 毫升，另外再添加適量之植物生長調節劑和糖，最後再添加蒸餾水，使全部容積為 1 公升。然後調整 pH 值為 5.7～5.8 範圍。經分裝到容器後，再放入高壓滅菌釜，以 121 °C 溫度滅菌。培養基容積多者，滅菌時間長。若調製固態培養基，則在調整 pH 值後的溶液加入洋菜或明膠，並加熱融解，待固化用的膠體物質完全融解後再分裝、滅菌即完成。滅菌後的培養基冷卻（凝結）後，放在乾淨的貯物櫃中備用。

三、微體繁殖之培養環境

瓶苗之生長環境條件可分為溫度、光照和大氣環境條件三項：

㈠溫度

培植體的生長適溫，大致比該植物之生長適溫高約 3～4 °C。但容器內的溫度，由於有溫室效應，通常比培養室的溫度高約 3～4 °C。所以培養室的溫度通常以維持植物原來生長的適溫為標準。大部分的作物的培養適溫都在 24～26 °C 範圍。少數熱帶作物之適溫可達 27～29 °C。以臺灣的環境，都只有控溫的降溫設備，而不再設加溫設備。

㈡光照

培養室照明大都採用冷白色日光燈為光源。在第一階段培養時，常需暗處理或培養在低光照（800 lux 或 10 μmol/m^2/sec）環境下。而在第二階段繼代增殖時，則以 1,000～3,000 lux 的光照強度為宜。瓶苗在準備移出瓶外之前，則常將瓶苗置 3,000～10,000 lux 強光照下二週，以強化對瓶外逆境之忍受力，提高瓶苗移出之成活率。

㈢大氣環境

這裡所指的大氣環境是指瓶內的相對溼度，和氧氣、二氧化碳以及乙烯或其他揮發性氣體的濃度。由於要保持無菌狀態，容器多用蓋子、棉花塞、橡皮塞以及鋁箔蓋等行不同程度的封閉，以隔絕外界微生物之侵入。因此容器內的氣體交換速率和相對溼度與自然環境或與培養室的環境不同。容器內的相對溼度會使植物蒸散作用降低，因此影響到鈣離子之吸收，也影響到再生培植體之構造與生理作用，而有所謂玻璃化苗之形成，在瓶苗移到外界環境時，由於氣孔沒有閉合的功能，加上葉片角質層發育不完整，致使瓶苗迅速脫水而死。另一方面，由於半封閉的容器氣體交換速率慢，因此容器內在明期時氧氣濃度高，二氧化碳濃度低；而在暗期時容器內則又二氧化碳濃度高，氧氣濃度低，以至於培植體不能正常行光合作用、呼吸作用，最後乃至於影響到培植體的生長與發育。還有乙烯等氣體的累積，引起培植體葉片黃化脫落等，都是不利於瓶苗的培養。因此近年來在培養容器上的改良，都趨向於增加培養容器的通氣性，以降低容器內相對溼度，並促進容器內氣體交換之速率。

四、微體繁殖方法之操作流程

微體繁殖大致上可分為：I、建立無菌培養時期，II、無菌狀態下大量增殖時期，III、移出前培養時期（誘發不定根形成），以及IV、移出容器外的人工馴化時期。但近年來，因實際上的需要，也有人在建立無菌培養階段前，加一個前處理階段稱“0”階段。另外把移出前培養的第III階段，再細分為III_A與III_B二階段。茲將各階段之主要操作及目的分述於下：

㈠第 0 階段

由於培養的材料長期生長在容易汙染的環境，如木本植物長期生長在田間，或球根植物之球根部分長期生長在土壤中。因此在建立無菌培養時非常困難。0 階段即是指在開始建立無菌培養以前的各種預措處理，使預作為培養的材料儘量保持無菌或降低汙染源。例如先將植物移到溫室內栽培，或定期噴施抗生素，或儘量保持植物材料乾燥。

㈡第 I 階段

主要的工作是將在有菌狀態下生長的培植體（可能是植株、種子、器官、組織或細胞），以特殊的無菌分離技術，將培植體切離母株，滅菌並培養在無菌狀態下。最後得到一個無感染而又能繼續生長與發育的培植體。要達到無菌狀態，則必須將植物材料、培養基以及操作中必須使用的工具進行滅菌。

培養基已經殺菌釜高壓殺菌過。而操作所必須使用的工具分為兩類：非金屬用具如培養皿、滴管、微細過濾器可採用高壓殺菌，而金屬用具如解剖針、解剖刀、鑷子，使用前可先用酒精擦拭乾淨，再用酒精燈或紅外線加熱器燒烤，冷卻後再使用。

植物由內往外生長，因此培植體的內部組織若無感染病害，一般被視為無菌。亦即植物材料的消毒僅做表面消毒。可先用洗劑洗滌，經沖洗後再放入表面殺菌劑溶液中滅菌，經適當時間（5～45 分鐘）後，移到無菌狀態下（無菌操作箱或無菌操作臺）將所需要的組織切取，置於培養基上即可（圖 4–6）。

▶ 圖 4–6　初代培養常用小容器，以增加單位面積培養的數量。

㈢第 II 階段

此階段又稱為繁殖時期，主要的目的是在無菌且最適宜的生長環境下，快速的大量繁殖，但卻又不能喪失植物原有的遺傳特性。以一般植物的生長速度，約每個月分芽或分株繁殖一次，同時更換新鮮的培養基。

㈣第 III_A 階段

有些培植體在「微體」的狀態下繁殖，但由於培植體太小而不能誘發不定根。因此在 III_A 的階段中，主要目的是要使微體恢復到接近原來植體的大小，且具備有發根的潛能（圖 4–7）。通常只要改變培養基中的植物生長調節物質的種類和濃度即可。

▶ 圖 4–7　增殖後，芽體培養長成大芽（III_A階段）準備發根。

㈤第III_B階段

此階段主要的目的是促進無菌培養的培植體在無菌狀態下發根，同時人工馴化，使培植體具有對移出容器外之逆境的適應能力，而不至於在移出瓶外後乾枯死亡。

㈥第IV階段

為人工馴化階段。移出的瓶苗在人工的環境下，逐漸適應瓶外的環境並且迅速恢復生長與發育的能力。

在商業種苗生產上，省略不必要的操作步驟，就是降低成本。上述各培養階段，可因所培養的作物而簡化之。例如長期在溫室生長的母本，而作物生長點又被葉片包被得很緊密，內部生長點或莖頂是非常乾淨的，因此在切取培植體時，可以不經表面消毒，直接剝除外被葉片、鱗片取得乾淨之生長點或莖頂培養。

又由於在容器內發根的階段，在種苗生產上所占的成本高，而且有些在容器內所發育的根，構造和功能不完整，因此培植體雖已長根，但在短期內根會萎縮腐爛重新長根。加上移植已長根的瓶苗操作上要非常小心，苗木也易受傷，因此在商業種苗生產上，趨向於直接將第 II 階段所生產的新梢，直接扦插於噴霧扦插床上發根和馴化。或者再經第 III_A 階段，先使新梢伸長到適當大小後，再扦插於噴霧扦插床（圖 4–8）。

▶ 圖 4–8　玫瑰花瓶苗，在噴霧床上直接發根。

五、組織培養在種苗生產上之應用

組織培養依其所培養的組織或器官可分為胚培養、無菌播種、生長點培養、莖頂培養、單節培養、腋生枝培養、非生長點的培植體培養、癒傷組織懸浮培養、單細胞懸浮培養、花藥培養、花粉培養、胚珠培養、原生質培養或基因轉殖等。茲將各種培養利用於種苗生產的方式概述如下：

㈠胚培養

當種子有種皮休眠，而打破休眠又相當費時，直接去除種皮培養胚，可以使胚立即生長，而縮短育苗時間。又作物因自交和雜交不和合性，不能正常生產種子，可以培養未熟胚而得到種苗。但上述這二種方法都只利用在育種上，不直接生產種苗。另外具多胚性的作物，如柑桔類、芒果等，利用胚培養可以繁殖與親本遺傳性狀相同的無性胚所發育成的種苗。

㈡無菌播種

主要利用於蘭科植物的有性繁殖。主要的好處有：⑴不需要根菌共生即可發芽生長，⑵可以防止與其他生物間競爭環境資源，⑶可以縮短培殖種苗所需的時間。

㈢生長點培養

主要目的是去除病原病毒，建立健康採穗母株，或建立微體繁殖系統。

㈣莖頂培養、單節培養和腋生枝繁殖培養

三種培養頗為雷同。莖頂是指枝梢頂部 1 公分左右的莖段。腋生枝培養是培養腋芽剛伸長發育的新梢，而單節培養是培養莖段上

未發育伸長的休眠芽。三者為微體繁殖中最主要的方法。利用培養基所含的細胞分裂素，打破植物頂端優勢，促使莖頂或腋生枝上的休眠腋芽形成腋生枝；待腋生枝達相當長度後，再培養到同樣含細胞分裂素的新鮮培養基，再得到新的腋生枝，如此不斷的繼代多次後，可以繁殖大量的枝梢培植體。最後改變培養基成分，促使這些枝梢發育不定根，即得大量新的種苗。

㈤非生長點的培植體培養

有些作物再生分化的能力很強，任何器官（如葉片、根段、花器等）都可分化成不定芽或不定胚，將這些不定芽、不定胚增殖，再促進發根，同樣可以得到大量種苗（圖 4–9）。經由莖頂培養、腋芽培養或腋生枝培養方法所得的種苗，比經由不定芽或不定胚而得的種苗在遺傳性狀上較穩定。因此後者除非已經證明不定芽或不定胚的突變率相當低，否則不考慮作為種苗生產的方法。反而是利用非生長點培植體的培養方式，將鑲嵌突變的部分組織分離成完整的植株，或是利用其變異率較高的特點從事人工誘變的育種工作。

▶ 圖 4–9　菊花葉片培養長出許多不定芽。

㈥癒傷組織或單細胞懸浮培養

遺傳性狀穩定者，可以使癒傷組織或單細胞經由不定芽或不定胚（體胚）形成建立無性繁殖系統，或經人工誘變為新品種植株。另外癒傷組織或單細胞懸浮培養為原生質培養之來源。

㈦花藥培養和花粉培養

主要是要產生單倍體植株，然後再經秋水仙素處理得到遺傳質相同的同質體，以建立純系。許多雜交不和合性的作物，育成純系非常困難，利用花藥或花粉培養，可以育成純系供雜交育種之用。

㈧胚珠培養

同樣可以得到單倍體植株，再經秋水仙素處理，建立純系。另外胚珠培養可以進行試管受精以得到種子。在育種時若遭遇自交或雜交不和合性時，常利用試管受精的方法，育出新品種。

㈨原生質培養或基因轉殖等生物技術

理論上可以利用生物技術創造新品種，然至目前為止，僅有少數商業品種是經由生物技術育出的品種或從事商業種苗繁殖。

習　題

1. 何謂「微體繁殖」？
2. 試述微體繁殖之優點及其利用範圍。
3. 以微體繁殖生產種苗，必須考慮哪些限制條件？
4. 微體繁殖的培養基包括哪幾大類的成分？
5. 植物生長調節物質，在微體繁殖中扮演哪些角色？
6. 影響瓶苗生長的環境條件有哪些？
7. 一般微體繁殖的程序可以分為哪幾階段？每一階段的主要目的為何？
8. 園藝作物種苗生產常用哪些培養技術生產種苗？
9. 觀賞植物的鑲嵌變異個體，很少利用非生長點的器官培養，原因何在？
10. 無菌播種比一般種子播種有哪些優點？

實習 4–1　組織培養培養基之調製一：母液之配製

一、目的：熟習組織培養培養基母液之配製及貯藏方法。

二、方法：1.配製 MS (1962) 標準配方之母液，共分成

A 液：大量元素 4 倍濃縮液（參見表 4–2）。

B 液：含鐵溶液 200 倍濃縮液（參見表 4–2）。

C 液：微量元素 1,000 倍濃縮液（參見表 4–2）。

D 液：維生素類和胺基酸類 200 倍濃縮液（參見表 4–2）。

2.配製各種植物生長調節物質母液。

實習 4–2　組織培養培養基之調製二：培養基

一、目的：熟習配製組織培養培養基母液之方法。

二、方法：1.以實習 4–1 貯存之母液調製成配方。

2.例如 A 液 250 毫升 + B 液 5 毫升 + C 液 1 毫升 + D 液 5 毫升 + 適量植物生長調節劑 + 糖 30 公克 + 水至全量 1,000 毫升。

3.然後調整 pH 值。

4.加 8 公克洋菜粉並加熱溶解。

5.分裝後高壓殺菌。

實習 4–3　無菌操作

一、目的：熟習無菌操作之技術。

二、方法：以適當之材料（配合實習 4–2 所調製之培養基），經表面消毒和三次無菌水沖洗後，在無菌環境下將植體置入容器內培養。

第5章　食用菌菌種之繁殖

食用菌和一般高等植物不同，它不含葉綠素，因此不能行光合作用製造養分，必須靠菌絲伸入有機體中，吸收養分以供進行生命現象所需。當菌絲遭遇到不適當的菌絲生長環境時，就結合形成子實體，並產生孢子（圖 5-1）。

食用菌之食用部分即為子實體。因此菇類栽培時必須先繁殖菌絲，然後再給予適當環境，使菌絲體結成子實體。而菌絲之繁殖，必須仰賴菌絲體之原體來延伸菌絲，而此菌絲體之原體，就是食用菇類栽培時的菌種。

第一節　純粹培養

食用菌本身是一種菌絲生長速度較緩慢的真菌類，在自然環境下，與它同時競爭生存的微生物種類很多。因此培養菌種時，必須去除其他雜菌，才能使菌種的菌絲迅速生長，若培養基中存有生長快速的雜菌，則食用菌菌絲之生長將被抑制。利用組織培養技術，在培養基上培養單一種的菌絲體稱為純粹培養。

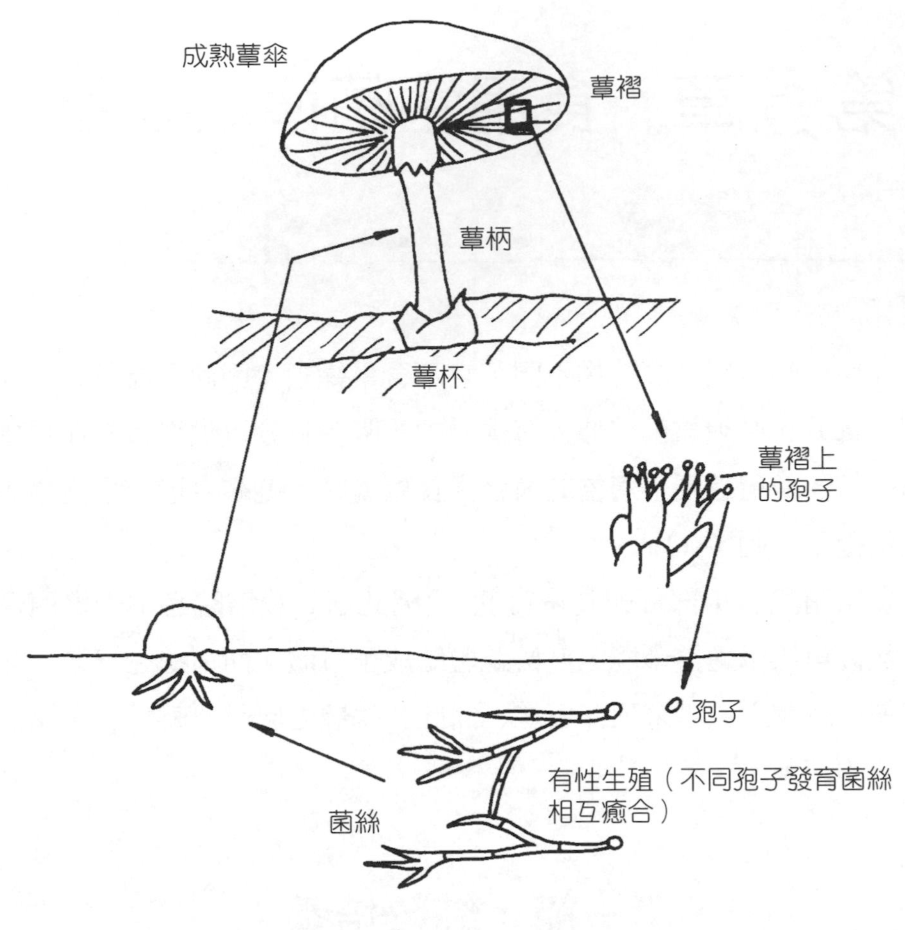

▶圖 5-1　擔子菌的生活史。

一、純粹培養培養基之配製

適於食用菌培養的培養基配方很多種，一般應依培養目的選擇適當的配方，玆將較常用的配方敘述於下：

㈠馬鈴薯洋菜培養基

調製培養基時，先稱取切成 1 立方公分小方塊之去皮馬鈴薯 200 公克，加水 500 毫升，並煮沸 30～40 分鐘後，取濾液加入 20 公克葡萄糖及 15～20 公克之洋菜，再加水至總容積為 1 公升後，再加熱至洋菜完全融解。然後定量分注於試管等容器中，按一般組織培養殺菌程序，將培養基殺菌後斜放冷卻，以得到較大的培養界面。

㈡堆肥抽出物培養基

稱取完全醱酵之稻草堆肥 200 公克，加水 500 毫升後，用溫火煮沸 30～40 分鐘，取過濾液加入葡萄糖 20 公克和洋菜 15～20 公克，並加蒸餾水至 1 公升容積，再將洋菜加熱融解，分注於培養容器後，殺菌備用。

㈢麥片培養基

稱取 20 公克麥片，加水 500 毫升後，煮沸 20～30 分鐘；濾液中再加入配置好的微量元素母液 1 毫升，加水至總容積為 1 公升後，調整 pH 值至 7.0～7.2 範圍，再加入洋菜 15～20 公克。最後將洋菜融解、分注容器中，殺菌備用。

微量元素之母液每公升含有硫酸亞鐵 ($FeSO_4 \cdot 7H_2O$) 0.1 公克，氯化錳 ($MnCl_2 \cdot 4H_2O$) 0.1 公克，以及硫酸鋅 ($ZnSO_4 \cdot 7H_2O$) 0.1 公克。

㈣合成培養基

將下述化學藥品溶於 1 公升的蒸餾水中，並加入洋菜 15～20 公克，融解後分注、殺菌備用。

硫酸鎂	$MgSO_4 \cdot 7H_2O$	0.5 公克
次磷酸鉀	KH_2PO_4	0.46 公克
亞磷酸鉀	K_2HPO_4	1.0 公克
蛋白腖	Peptone	2.0 公克
維生素 B_1	Thiamine HCl	0.5 毫克
葡萄糖	Glucose	20 公克

㈤鏈黴素培養基

在純粒培養時，有時因為有其他菌類感染的問題，不易得到純一的菌絲培養，常在培養基中加入抗生素，如金黴素或鏈黴素，以抑制培養基內其他雜菌之生長。其配製方法較複雜。先將次磷酸鉀 1 公克、硫酸鎂（含 7 結晶水）0.5 公克、葡萄糖 10 公克、蛋白腖 5 公克及洋菜 15～20 公克加水至 990 毫升，加熱融解殺菌後置 60 °C 恆溫箱中冷卻。另一方面以 10 毫升的蒸餾水溶解 30 毫克鏈黴素（或金黴素）。待殺菌過的培養基降溫到 60 °C 時，將抗生素溶液，以通過超微細過濾器 (Minipore) 滅菌方法之無菌濾液注入培養基內，攪拌均勻後，再分注於已殺菌過的容器內冷卻。而所有的操作過程都必須在無菌狀態下操作。

二、原原種分離培養

原原種分離培養可分為組織分離培養與孢子分離培養兩種。利用子實體組織（菇肉）培養所得到的菌絲遺傳特性較安定，變異較少，亦即較能保存該子實體原來的特性。然而這種分離方法較容易在培養菌絲過程中感染細菌或病毒，在分離培養時工具及子實體的滅菌應非常確實。所有操作在無菌狀態下（如無菌操作臺）進行。子實體先用無菌水清洗乾淨，野外採集或汙染嚴重之子實體則宜用殺菌劑（如 0.1% 昇汞溶液）滅菌後再用無菌水沖洗乾淨。然後以刀片切開子實體，並挖取子實體中央部分之組織（越近中心位置較乾淨）（圖 5–2），移置固體培養基上。移植好的培養體，放在 24～25 °C 暗環境培養，約二星期後取出檢查菌絲生長情形，選擇菌絲生長良好且無其他雜菌感染者為原原種，供大量增殖培養原種。

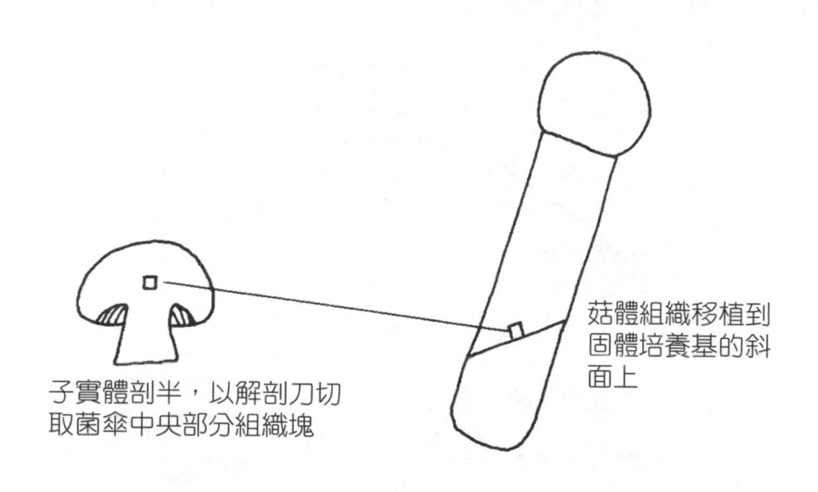

▶ 圖 5–2　菇類組織分離培養。

孢子分離培養方法又可分為單孢培養與多孢子培養兩種。多孢子培養在孢子發芽之後，常有菌絲相互結合的現象（有性生殖）發生，因此造成所培養的菌種與原來母株的遺傳性狀相異。所以由孢子分離培養的菌種，應再做栽培試驗，確定無有性生殖變異之後，才可大量增殖原種。單孢培養不常被利用於菌種生產，卻常用於菇類育種研究。單孢培養時，可利用單孢分離器或利用稀釋方法分離成單孢子後再進行培養。

孢子分離培養時，先將子實體行表面消毒並切除菇柄，再放入孢子收集器中（無菌狀態下），採集孢子。接種時，用已經過滅菌處理的針黏取孢子，直接植於培養基之界面上，然後將培養基置於 25～26 °C 的暗環境中發芽長成菌絲。一般由孢子所培育的菌絲，較易長成空中菌絲，空中菌絲過多者不適於繁殖成菌種，應特別選拔。當菌絲長滿培養容器後，可以冷藏，準備大量繁殖原種，另外取部分菌絲作栽培試驗，待栽培試驗結果檢查遺傳性狀無誤後，再取出冷藏的菌種（原原種）大量繁殖成原種，再繁殖製成菌種（圖 5–3）。

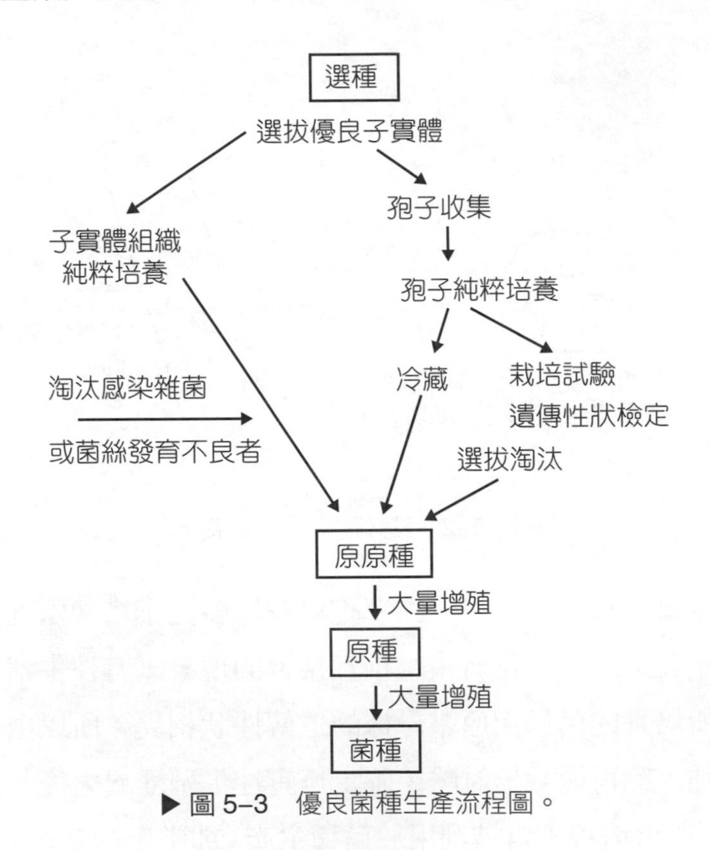

▶圖 5–3　優良菌種生產流程圖。

◆第二節　菌種製造◆

取部分原原種菌種之菌絲，培養在新鮮的培養基上，可以大量繁殖為菌種的原種；同樣的，將部分菌種原種的菌絲培養在新的培養基上，也是一種菌絲的大量繁殖。所不同的，只是為了栽培菇類時，在下種操作時能夠更方便下種，因此菌種製造所採用的培養基，多呈粒狀、小塊狀或屑狀。常用菌種之製造，也可以說是純粹培養之大量繼代培養，因此菌種製造技術與純粹培養或高等植物組織培養之繼代增殖是相同的，只是培養基材料之差異而已。菌種培養基，依菇類種類不同，可分為下列幾種：

㈠堆肥菌種

洋菇菌種在國外利用馬糞堆肥製造之。在臺灣則利用稻草再添加尿素、硫銨、過磷酸鈣以及碳酸鈣等化學肥料，經堆積醱酵約一個月，醱酵完熟備用。經調整水分及酸鹼值後，裝瓶、殺菌，並接種原種，待菌絲發育充滿瓶後，即成為下種用之菌種。目前堆肥菌種因下種操作不方便，費人工，因此堆肥菌種漸不使用，改採用麥粒菌種。

㈡麥粒菌種

將小麥蒸（煮）熟後，水洗冷卻再拌入碳酸鈣或石膏等材料。經調整水分和酸鹼值後裝瓶，再經高壓殺菌後，即可接種原種，製成菌種。麥粒菌種除了容易下種外，菌絲在麥粒培養基中生長快速，因此下種到採收期的期間短，故大部分菇農多採用之。

㈢木屑菌種

木屑菌種的製造程序與麥粒菌種相似，只是所用的材料為木屑、米糠等，通常香菇、木耳、鮑魚菇、金針菇、白木耳等木菇類之栽培，常用木屑菌種。

㈣稻草菌種

主要用於草菇栽培所需的菌種。其製造過程與堆肥菌種製造的流程不同。先將新鮮稻草水洗乾淨，再切成 1～2 公分長，然後裝瓶、殺菌、接種、培養即成。

習　題

1. 試簡述洋菇生活史。
2. 何謂純粹培養？
3. 常用於純粹培養的培養基有哪幾種？
4. 試簡述洋菇菌種生產。
5. 商業用洋菇菌種有哪幾種製作方法？

實習 5-1　木屑菌種之調製

一、目的：熟習木屑菌種之製作過程。

二、方法：將木屑、米糠及碳酸鈣適量混合→調整水分及 pH 值→裝瓶→殺菌→冷卻備用。

第 6 章　果樹種苗之生產

臺灣果樹栽培依其落葉性，可分為常綠果樹和落葉果樹。前者都在平地栽培，後者主要在中海拔或高海拔地區栽培。由於果樹種類繁多，不可能介紹所有果樹之種苗生產方法，僅能擇其中較重要者敘述之。即根據 82 年度《臺灣省農業年報》所列出之果樹，依其栽培面積之多寡（表 6–1，6–2），逐一敘述各種果樹之繁殖方法。其中各種柑桔（表 6–3）之繁殖方法相同，故歸成柑桔類。

▶ 表 6–1　臺灣重要落葉果樹栽培面積

名稱	面積（公頃）
梨	9,882
梅	9,608
李	8,560
葡萄	5,125
桃	2,646
蘋果	2,509
柿	1,642
合計	39,972

資料來源：82 年《臺灣省農業年報》。

▶ 表 6–2 臺灣重要常綠果樹栽培面積

名稱	面積（公頃）
柑桔類 *	46,491
檳榔	41,535
芒果	20,115
荔枝	13,395
龍眼	12,912
香蕉	10,504
蓮霧	8,598
鳳梨	7,472
番石榴	5,826
番荔枝	4,807
木瓜	4,302
楊桃	2,237
印度棗	1,406
枇杷	1,359
橄欖	424
百香果	239
合計	181,622

* 柑桔類重要種類詳見表 6–3
資料來源：82 年《臺灣省農業年報》，即栽培面積數值為民國 81 年栽培面積。

▶ 表 6–3 臺灣重要柑桔類栽培面積

名稱	面積（公頃）
椪柑	13,624
柳橙	13,136
桶柑	8,124
文旦	5,207
葡萄柚	1,223
檸檬	1,158
白柚	907
瓦崙西橙	175
斗柚	120
溫州蜜柑	36
其他柑桔類	2,785
合計	46,495

資料來源：82 年《臺灣省農業年報》。

◆第一節　常綠果樹類◆

柑桔類是臺灣最重要的果樹產業，主要種類包括有椪柑、柳橙、桶柑、文旦柚、甜橙、檸檬、溫州蜜柑，以及金柑等。其種苗生產方法可用實生、壓條、扦插以及嫁接等方法。實生苗具大刺，到達結果期所需時間長。除利用其多胚性，培育無性胚苗和培養嫁接用砧木外，很少採用。柑桔類的多胚性是指柑桔受精之後，除了一個由受精卵發育成的有性胚以外，其他的珠心細胞或珠被細胞也有形成胚的潛力。而所形成的胚稱為珠心胚，其遺傳性狀與母體的完全相同，是屬於無性胚。由多胚性種子所發育的幼苗中，生長勢最弱的一株為有性胚，其餘都是無性胚。文旦雖有用高壓繁殖，但繁殖數量有限。而扦插繁殖也僅限用於佛手柑之繁殖。一般柑桔最普遍的繁殖方法是嫁接繁殖方法。

㈠常用的砧木種類

1. 酸桔：在臺灣普遍作為椪柑、桶柑、柳橙、瓦崙西橙以及金柑的砧木，砧穗親和力強，但對黃龍病抵抗力弱，近年來因黃龍病猖獗，已漸被廣東檬檬取代。
2. 廣東檬檬：近年來多被採用為砧木，因其對黃龍病抵抗力強。根再生能力強，且深根適於乾燥地區栽培。嫁接苗幼年期生長快，但開始結果後樹冠不再擴大。
3. 枳殼：耐寒性強，嫁接於枳殼的柑桔，結果早，品質好，產量高，但結果齡短，根腐病抵抗力弱，抗黃龍病力尚可，但易罹鱗砧病及破葉病，利用不多，在臺灣只適合作金柑之砧木。

4. 苦柚：在臺灣尚未有適合於柚子類及葡萄柚之砧木前，勉強作為砧木。苦柚為單胚性，實生種子變異很大，如果欲得到品質比較好的砧木，應先選定優良母株，予以控制授粉，以其種子育苗作為砧木，當較隨意收集種子，再由實生苗木中選拔優良植株作為砧木為佳。

㈡砧木養成

柑桔種子乾燥後即失去發芽能力。因此砧木用種子，選自充分完熟果實中之肥大種子，經洗淨後立即播種，或將種子溼藏於 5 ℃的冷藏庫中。待春季播種發芽較整齊，且不易受冬季低溫寒害。

砧木的生長勢對以後嫁接苗的生長勢影響最大。因此在第一年秋苗高約 45～60 公分時，淘汰根少、彎曲的劣苗，健壯良苗則移植於苗圃。移植時地上部修剪 1/2，主根則剪去 1/3，以促進側根生長。至第三年春，砧木莖幹直徑達 1 公分左右時，即可進行嫁接繁殖。

㈢嫁接繁殖方法

1. 切接法：切接用的接穗以去年生夏枝最適當。豐產的植株，可採穗的枝條少，可以在前一年發芽前施行重修剪，促進生長強壯枝條，培育成翌年切接用的接穗。

   切接的適期是立春（2 月 4 日或 5 日）前後兩週，臺灣南部氣溫較高，嫁接時間可稍提早。各種柑桔種類中，以椪柑、檸檬嫁接期比桶柑和金柑早。另外，枳殼砧的萌芽期晚，因此嫁接期須在 2 月底以後。

   柑桔接穗容易萎凋，以晴朗無風的上午嫁接的成活率最高。通常切接的高度在地表上 6～9 公分處。嫁接的操作程序詳見第三章。樹勢過旺的砧木，在土壤水分太溼時，切口容易溢出大量樹液，影響接口癒合。可在嫁接前一天，先在地表 15 公分處剪斷，先使過多的樹液溢出。

2. 芽接法：以春梢為接穗最適當，待春梢成熟後即可進行芽接。常用芽接法可以 “T” 字形或倒 “L” 字形嫁接 （詳見第三章）。嫁接高度在砧木離地 10～15 公分處。

㈣無毒柑桔種苗生產

民國 71 年，農林廳開始推行無毒柑桔苗生產。首先由植物組織培養方法中之頂梢微接法 (micrografting)，在試管中長成枝梢，再經嫁接即為無病毒之原原種。為了確保不含各種病毒，必須經過各種病毒檢驗程序。由於完全無病毒之種苗，一旦移至田間，隨時有再感染病毒的可能，因此原原種事先必須再接種緩和系 (mild strain) 之南非立枯病作交叉防護 (cross protection) 預防措施 。 然後以原原種在農試所嘉義分所溪口農場之隔離網室，建立原種圃及增殖母樹，並提供農試所在隔離網室建立無病毒柑桔採穗園，民國 74 年 8 月開始供應青果社苗圃 ， 由青果合作社負責繁殖柑桔健康苗與推廣栽培，成效良好。

二、檳榔

檳榔是臺灣栽培面積最廣的果樹，屬於單子葉植物，因無次級分生組織（形成層），播種是唯一的繁殖方法。

種子宜選自優良母株，而且完熟無病蟲害者，摘下稍加陰乾即可播種。也可以剝開放置陰溼處先行摧芽，待種子發芽後，再從中選優良者，集中作畦播種，株距 15～20 公分。

檳榔幼苗生長緩慢，育苗時間需 2～3 年，中間最好能移植一次，以促進發育。移植時期以初夏氣溫回升多雨季節為宜。苗高 70～80 公分時定植。

三、芒果

芒果在臺灣栽培已有 400 多年的歷史，民國 43 年由美國和東南亞引進推廣後，民國 81 年栽培面積僅次於檳榔。繁殖方法包括有種子繁殖、空中壓條，以及嫁接繁殖法等。

㈠種子繁殖法

芒果為多胚性種子，由播種產生的無性胚，可得到與母本性狀相同的實生苗，例如早期由荷蘭人引進的土芒果，或作為砧木用的種類，多採用實生繁殖法。新鮮種子發芽率可達 100%，若經曬乾，則發芽率降低。播種時，直接將種子平放砂床，上面遮蔭，勤澆水經 2～3 週即可發芽。

㈡空中壓條法

在每年 3～4 月間進行，按一般空中壓條法進行壓條（詳見第三章），經 2～3 個月，待新的二次根生長後即可剪離母樹。

㈢嫁接繁殖法

可應用切接、搭接、芽接以及靠接等方法。實生砧木之莖幹直徑達筆桿粗細時，即可供做嫁接用之砧木。

1. 切接與搭接：每年 4～10 月間進行。接穗長約 6～7 公分，即 2 節以上，按一般切接或搭接的方法進行，約 3～4 週後成活。
2. 芽接：每年 8、9 月間進行，接穗成熟度比切接接穗更成熟者，可用 T 字形芽接。

3. 靠接：同樣在 4～10 月間進行。先將砧木移植於接穗母株旁，並適當截短。將砧木和接穗相接觸的一邊削皮，深達木質部，長約 4 公分。將傷口接合纏縛，約 1～2 個月後成活。

四、荔枝

以栽培面積比較，荔枝是臺灣第四大果樹，僅次於檳榔、芒果以及椪柑。荔枝的繁殖方法有播種、壓條、扦插以及嫁接等方法。扦插不易發根，沒有實用價值。播種僅用於育種和砧木的養成，播種必須使用新鮮種子，種子乾燥後即失去發芽力。茲將常用之空中壓條和嫁接繁殖方法分述於下：

㈠空中壓條法

選擇 2～3 年生粗細在直徑 2～3 公分的健壯枝條，當春末夏初荔樹勢旺盛發育時期進行高壓繁殖。為了促進不定根之生長，環狀剝皮的上切口可用萘乙酸 5,000 倍液或速大多 (Start) 液處理 。 經 3～4 個月，高壓枝條長出第二次細根後，才剪離母樹。由於苗木很大，根系吸收的水分不足，剪下的高壓苗還必須在遮蔭下的苗圃假植，待根系發育壯實後才可出售供定植。

㈡嫁接繁殖法

可用切接法嫁接 。 砧木用紅荔或晚生種荔枝之實生苗培育而成。但因荔枝樹木質堅硬，又含有許多丹寧，嫁接很困難。為了增加嫁接成活率，作為穗枝者，可在嫁接前 1 個月，先行環狀剝皮，使穗枝蓄積更多的養分。此外使用鋒利的嫁接刀，使削口平整，纏綁時力求緊密，都可提高嫁接的成活率。

五、龍眼

龍眼與荔枝同屬無患子科，且皆為臺灣及中國南部原產。在形態和生長習性都很相近。當然其繁殖方法也相雷同。如實生繁殖僅用於育種和砧木的養成；扦插苗根系不良無實用價值等。不過龍眼的高壓苗幼苗發育太慢比較少採用，在經濟栽培都以嫁接為主，尤其是高接法繁殖。

㈠切接法

以培養兩年之實生苗為砧木，在離地 20 公分處以標準切接方法（詳見第三章）嫁接。和荔枝接穗有同樣的木質硬、單寧多的問題，因此同樣的在嫁接前一個月，穗木先以環狀剝皮處理，以蓄積充足養分再切接，可提高成活率。

㈡高接法

是龍眼更新品種最常用的繁殖方法。一般多利用自然實生長成的龍眼樹，在齊胸的高度鋸斷，再用切接方法嫁接。依砧木的大小，可嫁接多枝接穗。此種嫁接方法，因砧木生長旺盛，不但成活率高，而且嫁接後穗木的發育也很快，短期內即可結果。

六、香蕉

普通供商業性栽培的經濟品種，都是三倍體，不會結種子，不能用種子繁殖。又香蕉為單子葉植物沒有形成層，也無直立的莖，因此只能將吸芽分離或分割塊莖得到新的植株。民國 71 年臺灣香蕉研究所更以微體繁殖方法大量生產健康蕉苗。茲將各種繁殖方法簡述於下：

㈠吸芽繁殖

繁殖的吸芽選自前一年 11、12 月所生長的吸芽。苗高 1.2～1.5 公尺，塊莖短而充實，幼葉遲展、且葉幅狹窄。即外形如筍狀，俗稱「葫蘆頭、筆仔尾」的吸芽。吸芽芽齡勿超過 5 個月，種苗太大時產量低。

㈡塊莖繁殖

此為中南美洲、菲律賓常用的繁殖方法。凡在地面上 15 公分處的偽莖徑粗在 15 公分以上的植株，其塊莖都可作為繁殖的材料。繁殖時，先將地上的偽莖高約 10～15 公分處截斷，然後將塊莖分割後挖起種植。以塊莖種植者種苗運輸方便，可減少病蟲害，成活率高，結果很整齊，抗風，唯第一代植株之產量較低。

㈢微體繁殖

以香蕉塊莖或花穗穗軸為培養體，經誘發不定芽，容器內增殖，瓶苗移出、假植和馴化三個階段，可大量生產健康蕉苗。經微體繁殖的蕉苗有下列優點：

1. 蕉苗僅 15 公分高，運輸容易，節省搬運及栽植的費用。
2. 成活率高達 95% 以上，即成活率比吸芽苗高出 10% 以上。
3. 植株健康，病蟲害少，可減少防治葉斑病和黑星病的噴藥次數。
4. 植株發育整齊，方便採收，採收期間由 3～4 個月，縮短為 1～2 個月。
5. 因植株強健，所產果實品質好，果實外銷的合格率高達 90%，即比吸芽苗所產果實外銷之合格率高出 10～15%。但另一方面，微體繁殖的蕉苗，栽培初期對胡瓜嵌紋毒素病較吸芽苗高，以及微體繁殖苗的變異率也高達 2～3%，都是發展微體繁殖苗，在生產上應特別注意改善的問題。

七、蓮霧

蓮霧早在 17 世紀即已由荷蘭人由爪哇引進臺灣栽培。自從產期調節技術成功，且蓮霧品質提高後，蓮霧已在臺灣果樹中占相當地位。可用實生繁殖、壓條法、扦插法以及嫁接法繁殖。實生繁殖苗，需較長時間才能結果，且有實生變異，除育種或養成砧木外，一般用空中壓條、扦插以及嫁接繁殖，而以空中壓條繁殖最常用。

㈠空中壓條繁殖

選擇莖粗 2～3 公分之成熟枝條，於 5～6 月間進行空中壓條繁殖。約經 1 個月可見新根形成，然而一般是在高壓後 2～3 個月，讓根系成熟木質化後再剪離母株。剪下的高壓苗宜先假植繼續培養，翌年春始出售定植。

㈡扦插繁殖法

選擇 2～3 年生充實枝條，剪成 15～20 公分長的莖段，於 4～8 月間扦插於砂床，經 1～2 個月即可發根。

㈢嫁接繁殖法

終年可以繁殖，但以 4～11 月間繁殖較為適宜。常用切接法或高接法繁殖。嫁接後隨時注意摘除砧芽，經 3～4 週，即可成活發芽。

八、鳳梨

鳳梨是多年生單子葉植物，植體上常長出許多營養芽，依其著生的部位可分為冠芽、冠裔芽、裔芽、吸裔芽、吸芽及塊莖芽（圖 6–1）

等，這些都可以作為繁殖的材料，然而經濟栽培時，用於繁殖者，主要只有冠芽、裔芽以及吸芽。為求大量繁殖，有時也將塊莖切片，或將冠芽葉片分割，或以冠芽上每葉片間的腋芽作為培殖體，以微體繁殖方法大量生產鳳梨種苗。

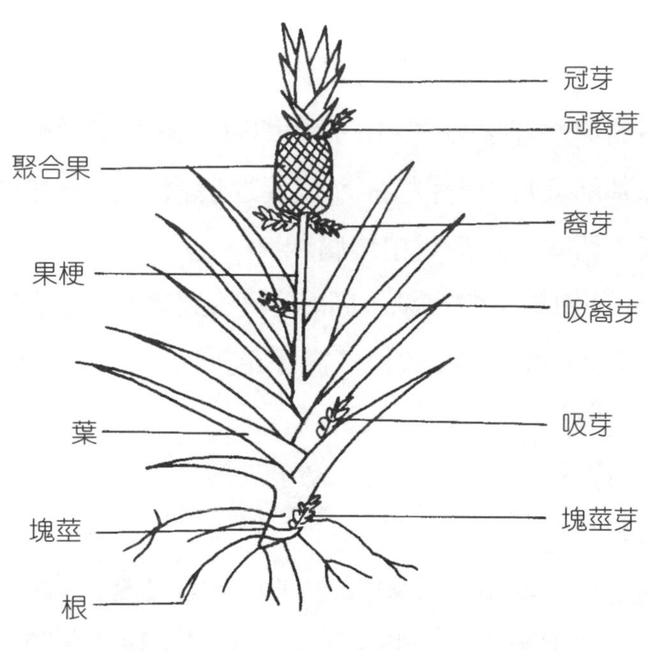

▶ 圖 6–1　鳳梨各種營養芽之著生位置。

㈠冠芽繁殖

著生於聚合果上的芽體稱為冠芽。供作繁殖的冠芽，莖徑 3～4 公分，苗高 25 公分以上，葉寬 3 公分以上。通常在採果後，順便用鋒利刀刃將冠芽切下，使傷口癒合迅速。

㈡裔芽繁殖

著生於果梗上的芽體稱為裔芽。供作繁殖的裔芽，莖徑 3.5～4.5 公分，苗高 30～40 公分，葉寬 3.5 公分以上。採裔芽時，必須緊握芽體基部摘下，以避免心部受傷引起腐爛。由於發育裔芽的數量比冠芽和吸芽的數量多，且耐運輸，是鳳梨繁殖時，主要芽體的來源。

㈢吸芽

著生於葉腋的芽體稱為吸芽。芽體大小不整齊，葉片數也較少。吸芽是植株下一回結果不可缺少的芽體，在栽培上應留 1 個吸芽供下一回結果之用，其餘吸芽才供作繁殖。

採下的芽體經曝曬 5～10 天，即可收集供做種苗。栽植前冠芽宜再剝除基部葉片 10 片左右，以促進發根；而裔芽苗基部常有小疣，也應先切除，以免定植後腐爛。

每株種苗，由於芽體來源不同，從栽植到果實採收的期間也不同。例如冠芽苗需 24 個月才能收穫，裔芽苗需時 18 個月，而吸芽苗只需栽培 10～12 個月，即可採果。

採用芽體繁殖，繁殖倍率低，為了加速繁殖，可採用下列繁殖法：

㈣塊莖切片繁殖

利用老株之塊莖，先剝葉，削去不定根後，縱切成 1/4，再橫切，使每片塊莖至少帶一個芽，塊莖再浸泡殺菌劑防腐後，埋植於室內砂床。此種方法每一塊莖可繁殖 20～25 個種苗。

㈤冠芽葉芽插法

就如一般作物之單節扦插。每個插穗上，包含一片葉片和一休眠的腋芽。經殺菌劑處理防腐後，扦插於砂床。每個冠芽也同樣可繁殖 20～25 個鳳梨苗。

㈥微體繁殖

利用莖頂為培殖體，經容器內液體振盪培養，大量增殖芽體，再經馴化即可移出瓶外發根健化。

九、番石榴

番石榴由熱帶美洲引入臺灣栽培已有 200 餘年的歷史，除了生食外可製成果汁。目前栽培面積近 6,000 公頃，主要繁殖方法是以種子繁殖方法培育砧木，然後再利用芽接或靠接方法嫁接，另也有以空中壓條繁殖。空中壓條操作方法與荔枝相同，故僅敘述嫁接繁殖如下：

㈠種子繁殖

番石榴可用人工使自花授粉，待果實完熟後，採果洗出種子。種子經氫氧化銅或其他殺菌劑消毒後，以撒播方法播在砂床，約 3 週後發芽。幼苗長至 5 公分高時移植。發育旺盛的幼苗經 5～7 個月的培育，株高約 30 公分，即可出售定植，或供作砧木用。

㈡芽接法

番石榴切接成活率低。以嵌鑲芽接方法（詳見第三章）嫁接為宜。從一年生以上之成熟之充實枝條，削取長寬各約 2.5～3.5 公分的長方形芽片為接芽，砧木也削成同大小之缺口，然後將芽片鑲上、固定即成。嫁接宜在晚冬到早春之間進行。

㈢靠接法

為臺灣所創特有之番石榴繁殖法。首先將接穗母株壓倒伏接地面，因此母樹上的枝幹會發育向上生長的新枝，待新枝直徑長至 0.4～0.5 公分時，即可進行靠接。靠接時在每一新枝下挖一植穴，然後將同莖徑粗細、且根帶土球的實生苗置入穴中，以一般靠接接合後，再將砧木植穴填回土壤栽植妥當，經 40～60 天後，傷口癒合即可切離接穗母株，成一獨立苗木。通常靠接時期，以植株發育旺盛期接口癒合較快，成活率較高。

十、番荔枝

番荔枝在臺灣栽培已有400多年的歷史，近年來產期調節成功，成為臺東地區重要果樹。主要品種有粗鱗種、細鱗種，以及民國59年由以色列引進之雜交種“Gefener”。前二者都是以種子繁殖，而雜交種“Gefener”則以嫁接繁殖。

㈠種子繁殖

於秋季選擇飽滿且種皮烏黑的種子播種，2週後開始發芽，但也有半年後才發芽者。幼苗在第二年春，或約15公分高時移植至苗圃繼續培育待售。

㈡嫁接繁殖

每年春季2月或秋季9月為嫁接適期。砧木可用番荔枝科植物之實生苗或用共砧（同種植物之實生苗），嫁接成活率高，以切接方法最常用。

十一、番木瓜

番木瓜為多年生草本植物，不分枝或分櫱，因此只能以種子繁殖。茲將育苗的操作程序敘述如下：

㈠選種

番木瓜容易雜交劣變，且木瓜性型複雜。優良的種子除了品種純正以外，應為雌雄株與雌雄株授粉之後代。因其後代雌株與雌雄株之比為1:2，而木瓜之雌雄株所結的果實較長形，經濟價值優於雌株所結的圓形果。

種子發芽率與種子成熟度有關，可以用水選法洗去漂浮不充實的種子。一般成熟的種子，外種皮呈黑褐色，內種皮呈赤褐色，而且種皮突起非常明顯。成熟的種子，其發芽率可達 90% 以上。

另外番木瓜種子越新鮮，發芽率越高。若必須貯藏，則須貯存在 5～10 °C、相對溼度 10～20% 環境下，1 年後仍可維持 80% 發芽率，但貯存 2 年後發芽率仍會降至 50%，失去商品價值。

㈡塑膠袋育苗

番木瓜除每年低溫期（1～2 月）和豪雨季節外，需注意保溫、防雨外，全年皆可播種。但北部以 3～5 月播種，南部則多在 9～11 月播種。

由於直根不易移植，皆使用塑膠袋育苗。塑膠袋育苗管理方便，生育整齊，而且定植後成活率高，是目前番木瓜種苗生產的主要方法。

所使用的塑膠袋厚 0.03 公厘、長 10～12 公分、寬 8～9 公分。經打排水孔後，裝填入培養土即可播種。常用培養土是以砂質壤土拌入 1/3 容積量的腐熟堆肥調製而成。

播種時每袋置 2 粒種子，苗高 15 公分後須移動塑膠袋，避免根由排水孔穿入地下。苗高在 20～25 公分時，即可出售供定植。

十二、楊桃

楊桃用種子繁殖時，可以選拔優良品種，例如目前栽培之蜜絲種、二林種、白絲飽念、五汴頭種……等都是由實生植株選拔而得。近年來除繁殖砧木仍用種子繁殖外，栽培品種皆用無性繁殖，如壓條法、切接法以及靠接法。

㈠種子繁殖

直接從優良母樹的果實或控制雜交授粉的果實中取出種子直接播種，其中以在 4 月播種最適宜。播種後，約 10 日可發芽。實生苗經 2～3 年培育，即可出售供栽培或作為嫁接之砧木。

㈡壓條法

常在梅雨季節（4～6 月）進行高壓。選直徑 2 公分粗細的健壯枝條，在基部環狀剝皮 2 公分，再包紮。經 2～4 個月可發根，但須等到發育二次根時，才剪離母樹假植，翌春才出售供定植用。

㈢切接法

以 2 年生實生苗為砧木，接穗亦為 2 年生之充實枝條。通常在 2～3 月進行嫁接，經一年培育，翌年春始出售供栽培。

㈣靠接法

先將 2 年生砧木假植於接穗母樹四周 ， 再將母樹枝條拉向砧木，進行靠接，經 30～40 天，傷口之形成層癒合後剪下假植。在全年營養生長旺盛時期進行靠接。

十三、印度棗

印度棗日據時代曾引進栽培，但結果不理想。光復後復引進泰國品種，再經實生繁殖選拔優良新品種，目前是高屏地區冬季主要果樹。雖然實生苗第二年即可結果，但嫁接苗當年即可結果，且能保持品種特性，因此主要還是以嫁接繁殖。

㈠砧木的養成

去除果肉後的新鮮種子或已經乾燥後的種子都可播種。播種後 1～2 個月發芽，待本葉 5～6 片時即可出售或移植苗圃，準備在翌年春天嫁接。

㈡嫁接繁殖

一般果農以上述實生苗定植，翌年春自己以切接方法繁殖。繁殖幼苗的種苗業者，則常以靠接法繁殖，從春到秋都可進行繁殖。靠接後 45 天即可成活，剪離母樹出售。

十四、枇杷

枇杷原產臺灣及中國南部，但臺灣中部海拔 1,000 公尺山地亦可發現臺灣枇杷野生種。自從由日本引進優良品種後，都改用高壓法，靠接法以及切接法繁殖，其中又以高壓法最為普遍。

㈠高壓法

在每年 6～8 月高溫多雨、生長旺盛的季節選取直立的枝條，或利用在秋季將會被剪除的枝條進行高壓繁殖。高壓後約經 3～4 個月即可發根。高壓苗可假植或直接定植於田間。欲直接定植者，須注意剪葉、灌溉並立支柱，以增進成活率。

㈡實生砧木之養成

目前砧木採用早年由大陸引進以種子繁殖之品種。果實成熟後，將種子洗淨收集，播於苗床，行株距為 8～10 公分，播種深度 3 公分。約 3～8 週後發芽，當年即可供作砧木。

㈢靠接法

選取 1～2 年生強健的實生苗，於 3～4 月將苗以 10～15° 傾斜假植於母樹旁，將砧木、接穗靠接一起，經 2～3 個月，即可剪斷母樹接穗基部和砧木先端，得到新的種苗。

㈣切接法

以 1～2 年生實生苗為砧木，於每年 12 月～4 月嫁接，不過嫁接最適宜的時機是 2 月中旬。為提高成活率，可在嫁接前 1 個月，接穗基部先行環狀剝皮處理。切接高度離地 5～10 公分。接穗上有 2～3 芽，長約 5 公分。根砧上的芽，應隨時去除。

十五、橄欖

橄欖原產臺灣及中國南部，臺灣各地都有栽培，農家常與其他果樹混植或種於園地四周，作為防風、和水土保持之用。因非主要作物，早期橄欖的繁殖，多數是掘取橄欖樹下的實生小苗，不特別育苗。目前仍以種子繁殖為主，即先從優良母樹選取完熟飽滿的果實，去除果肉後，播種在苗床，約 70 天發芽，經淘汰不良幼苗，再培養 1～2 年，即可定植。實生種苗生長慢，到達結果所需時間長，為促進及早結果，可在早春以切接方法繁殖種苗。

十六、百香果

臺灣在西元 1901 年引進百香果栽培，民國 53 年因生產濃縮果汁自夏威夷引進黃百香果，此二種皆用種子繁殖。目前栽培之雜交種以壓條、扦插及嫁接方法繁殖。

㈠種子繁殖

自成熟的果實取出種子，不必再分離假種皮（俗稱果肉），即可播種，約 2 週後開始發芽，播種後第 1～3 個月發芽最多。不過洗去果肉之種子，發芽較快。

成熟的果實，在室溫下可貯存 1 個月；若貯存於 13 °C 環境下，可貯存 2 個月而不會影響種子發芽力。

將種子洗淨，於室溫乾燥後，在室溫貯藏 3 個月後播種，發芽率超過 85%，若種子再經 1.6～13 °C 貯藏 2 週後，發芽率更高。

㈡空中壓條

百香果為蔓性作物，枝條很多，以一般高壓法繁殖非常容易。唯蔓枝條質地脆，容易折斷。因此高壓後的枝條，需加支柱，防止折斷。高壓後約 4～8 週開始發根。

㈢扦插繁殖

以綠枝插的方式扦插 。 扦插的適當時期在夏季與冬季採果之間，以及冬季採果之後，即當植株營養生長旺盛時。插穗長度 2～3 節，基部恰好在最下方之節位上切口並處理發根劑；地上部至少留 1 葉片。在噴霧扦插床上扦插約 1 個月可以發根。

㈣嫁接繁殖

全年都可進行 。 以夏威夷黃色種之實生苗為砧木 ； 苗高 25 公分，莖粗 0.3 公分，並有 12 片本葉時即可嫁接。嫁接位置在離地 10 公分處，接穗留 1 節，長約 1.5 公分，嫁接後置於蔭棚下，避免直射陽光，經 1～2 個月傷口癒合，即成一新的種苗。

◆第二節　落葉果樹類◆

一、梨

臺灣約在西元 1890 年即有梨樹栽培，而原生臺灣的鳥梨則是目前嫁接用砧木的主要樹種，另臺灣也引進榲桲，可作為西洋梨之矮性砧木。砧木之繁殖以種子繁殖或扦插繁殖；經濟栽培品種則以嫁接繁殖為主。

㈠砧木的養成

鳥梨因輾轉繁殖，目前已找不到原生種，當作砧木用的鳥梨，以小葉有刺的品種較好，可以用種子繁殖或扦插繁殖。從成熟的鳥梨果實中，洗出種子即可播種。但一般鳥梨果實都經加工後再食用，收集種子困難，反而以扦插繁殖較普遍。可在每年 12 月，枝條落葉後選擇一年生強健枝條，截成每枝 3～5 芽之插穗扦插（參見第三章落葉枝插操作方法）。

㈡嫁接繁殖

以一年生砧木嫁接，無論實生砧木或扦插繁殖砧木，嫁接成活率都可達 90% 以上。芽接在 6～8 月，即營養生長非常旺盛時進行。枝接則在 12 月～翌年 2 月，即枝條落葉休眠時進行。枝接法以切接法最常用。

二、梅

梅是原生長江流域的果樹，雖可用種子繁殖或扦插，但主要利用嫁接繁殖。嫁接用的砧木為實生的梅苗或桃苗。以桃為砧木的嫁接苗，生長快但樹齡短；以梅為砧木的嫁接苗，生長慢但樹齡長。臺灣梅的嫁接法主要是切接法，一般平地在 12 月進行嫁接，山地則在 1 月進行嫁接。但梅最好的嫁接方法應該是在夏、秋季的芽接，可惜臺灣之種苗生產，幾乎不用芽接，應予改進。

三、李

李在臺灣已 200 多年歷史，由於栽培容易，面積逐漸增加，是臺灣重要落葉果樹之一。李的繁殖方法主要用嫁接，其砧木馬利安那李則用扦插繁殖。但櫻桃李也有用根插或壓條法繁殖。

㈠砧木的養成

李在全臺各地都有栽培，各地區李樹所用的砧木也各有不同。宜蘭到苗栗一帶多以桃為砧木，中部臺中、彰化地區多以梅砧木，也有用杏仁或杏作砧木。而一般砂壤地區，多採用馬利安那李為砧木。

共砧李或其他作為砧木的核果類，如桃、梅、杏等，種子外有硬殼，種子自果肉取出後，立即混入溼砂中，到冬末、春初播於苗床。

馬利安那李則採用 12～15 公分長之 1 年生枝條為插穗，栽培 1 年即可嫁接。

㈡櫻桃李繁殖

可在冬季採根 5～8 公分長，埋入砂中，待春天長出不定芽後，再移植到苗床。另外櫻桃李在英國常用培土壓條繁殖。先在冬季將植株基部長出的枝條，橫向埋入粗砂中，每副梢留 2～3 腋芽。待新梢長出時逐漸覆土到 10 公分左右，於是新梢基部長出不定根，再切離母樹。

㈢嫁接繁殖

主要嫁接方法為切接，可在 12 月～2 月間進行。若欲進行芽接，則在 7～8 月間嫁接。李用共砧生育不如用桃砧接李。桃砧接李樹勢強健，果實較大。但桃砧大枝被切斷時，常易發生樹脂病，因此桃砧接李時，避免使用粗枝的桃砧。用李共砧時，則可以選主幹直徑 7～10 公分的大樹嫁接。

㈣高接繁殖

欲更新品種、嫁接授粉樹，常利用高接。高接時機是在春芽開始活動之前進行。高接時要注意相互間的親和性，如中國李接在歐洲李上可成活；但歐洲李接在中國李之上則很難成功。

四、葡萄

葡萄栽培自民國 44 年開始推廣，至民國 82 年栽培面積已達 5,125 公頃。而其種苗來源，多用扦插及嫁接繁殖。

㈠扦插繁殖

插穗在落葉後的休眠期選取，可以從冬季修剪下來的枝條中選取。優良的插穗其莖粗應有 0.8～1.2 公分，最細的一端莖粗不可小於 0.6 公分。而且在 30 公分的插穗應有 3～4 個節。作為砧木用的插穗，插穗較長，約 50 公分，以便成活後嫁接。不容易得到的珍貴品種，偶也用單節扦插。繁殖用插穗，立刻貯存於陰涼處或埋在溼砂中，防止乾枯。插穗頂端切口應在頂芽上 2～4 公分，以防止頂芽乾枯。插穗成活新梢長到 30 公分長以上時，即可小心移植，或待落葉後再移植。

㈡嫁接繁殖

選擇葡萄的砧木，要注意砧木對某些病蟲害的免疫性或抗性，對土壤的適應性，穗砧的親和力，容易繁殖，而且對接穗品種還要有早熟豐產及品質優良等影響。在臺灣葡萄嫁接最常用的砧木有

1202、3309、420A、101–14、8B、5BB、5C 等品種，其特性如表 6–4。砧木大多以扦插繁殖，當砧木莖粗生長到 0.8～1.5 公分時，即可嫁接。臺灣種苗生產以切接最常用，其他可採用的方法還有舌接、嵌鑲芽接以及接插繁殖等。

切接、舌接以及接插繁殖屬於枝接，都是在葡萄休眠期嫁接，砧木長 20～30 公分，接穗有 1～2 個芽即可。接插繁殖又稱室內接或床接，先用機械將接穗、砧木分別削成相同大小的突出及凹下部，接合後先埋入砂床中，待癒合後再扦插到苗床。

嵌鑲芽接的時期是枝條逐漸成熟，表面變成褐色時，即在 6～9 月時，但以 7 月進行嫁接較多。嫁接位置在砧木離地 10～15 公分處。嫁接後 2～4 週即可檢查是否成活。不成活者，可立行補接。

▶ 表 6–4　臺灣葡萄的重要砧木用品種

品種名稱	原名	砧木特性	說明
1202	Mourrédre Rupestris No. 1202	深根性、根粗大、分歧多	適合土質堅硬的潮溼地
3309	Riparia × Rupestris No. 3309	深根性、抗根瘤、蚜力強	適合土層深、砂質土壤的旱地
420A	Bertandieri × Riparia No. 420A	深根性、分歧多、細根少、促進早熟	適合肥沃砂壤土及粒壤土
101-14	Riparia × Rupestvis No. 101-14	深根性、可促進早熟	適合土層深厚的乾旱地
8B	Berlandieri Riparia Teleki No. 8B	親和力強、根深，能促進早熟及豐產	適合土層淺、砂壤土的旱地
5BB	Berlandieri Riparia Teleki No. 5BB	淺根性、耐寒及耐旱力強	半矮化砧木
5C	Berlandieri Riparia Teleki No. 5C	根稍深	耐溼性強
Hybrid franc	Rupestris × Vinitera	深根性、粗而分歧少	適合土層深的壤土或粒壤土，不適合溼地
Vitis champinii	——	根群發達	具抗線蟲特性

五、桃

桃是臺灣及中國原生果樹之一，臺灣栽培大抵分布在海拔 500～2,400 公尺的山地。和多數果樹相同，除了養成砧木與育種是用種子繁殖以外，一般都用嫁接繁殖。

㈠砧木的養成

桃的砧木主要是野生毛桃，或本地栽培種「脆桃」之實生苗；也有採用其他核果類之實生苗，如李、梅、杏仁樹等。

桃種子自果實洗出之後，應層積於溼砂中或其他栽培介質中。一直等到播種期再取出播種，平地之播種期為 12 月～1 月；高冷地之播種期在 2～3 月。播種前先將種子浸於乾淨水中，使充分吸水再播。種核不易開裂之品種，也可用鉗夾成裂縫再播，以促進發芽。

㈡嫁接繁殖

砧木莖粗約 1 公分時即可進行嫁接。切接以 2 月份最適宜。芽接則可在 7 月～9 月間進行。芽接成果比切接好，但臺灣果農仍習慣用切接繁殖。

六、蘋果

臺灣蘋果栽培分布於海拔 1,500～2,700 公尺的山地。雖可用種子繁殖、扦插、壓條以及嫁接繁殖，但為了維持品種特性，主要的砧木（圓葉海棠）以扦插繁殖，而栽培品種則以嫁接繁殖。

㈠砧木的養成

臺灣現有的蘋果砧木有海棠、榲桲、三葉海棠、實生蘋果、臺灣林檎、圓葉海棠以及馬林矮性砧木。馬林矮性砧木品系中有極矮性的 EM9 和 EM26，半矮性砧 EM7 和 MM106，可惜矮性砧扦插困難，國外有用微體繁殖方法生產，但在臺灣矮性砧仍未實用化。實際上最常用的蘋果砧木，僅圓葉海棠一種。

圓葉海棠有許多成為根砧的優良特性，如⑴繁殖容易，可以枝插或根插，⑵對蘋果各品種的親和力強，⑶生長勢中庸略矮化，⑷嫁接苗進入結果齡早等。

㈡嫁接繁殖

蘋果嫁接方法大多採切接，以 1 月～2 月實施最適宜。嫁接處離地 20～30 公分，接口太低，接口日久埋入土中，失去嫁接意義。另外也可以在 8 月上旬～9 月上旬進行芽接。但臺灣果農不習慣用芽接繁殖。

七、柿

柿在臺灣栽培已有 260 年以上的歷史，而柿屬的植物共有 9 種，其中臺東豆柿與栽培柿品種親和力較強，而且豆柿實生苗具深根性，耐乾燥與耐水性均較強，但耐寒性弱，故常作為甜柿之砧木。另有由中國北方引進的君遷子，其耐寒性強，與各種澀柿的嫁接親和力強，常作為澀柿的砧木。豆柿砧以種子繁殖，君遷子則用種子繁殖或根插繁殖。

㈠砧木的養成

將種子從完熟的果實取出洗淨後，陰乾數日，經消毒後層積於溼砂或栽培介質中，一直到 12 月～3 月播種。播種前種子可先浸水，使種子充分吸水，以促進發芽。以點播播種，株行距為 3 公分

×6 公分。發育到第 2 片本葉時移植，株行距 12 公分 ×60 公分。翌年春天即可作為砧木嫁接。另柿根易生不定芽，柿枝條不易發根，因此砧木除了用種子繁殖外，也可按一般根插方法繁殖。臺東豆柿幼苗不耐霜，育苗時應防霜害。

㈡嫁接繁殖

嫁接可用切接和芽接兩種方法。切接宜在 2 月下旬～3 月下旬行之，芽接則在 8 月下旬～9 月上旬為宜。臺灣柿樹繁殖大多採用切接（圖 6–2）。柿樹枝條含多量單寧，增加嫁接操作技術上的困難，故嫁接時必須動作迅速，減少切口曝露空氣，致使單寧氧化，嫁接成活率才能提高。

▶ 圖 6–2 柿樹之嫁接——切接法。

習　題

1. 臺灣之柑桔種苗常用的砧木有哪些？其特性為何？
2. 試述臺灣的柑桔健康種苗之生產程序？
3. 檳榔是否可以嫁接？為什麼？
4. 芒果的繁殖方法有哪幾種，試簡述之。
5. 如何利用種子繁殖，得到與母樹性狀完全相同的種苗？
6. 試簡述荔枝之空中壓條法？
7. 龍眼常用何種方法繁殖？理由何在？
8. 臺灣之香蕉常用何種方法繁殖？
9. 試繪圖說明鳳梨各種營養芽之著生位置。
10. 鳳梨利用營養芽繁殖，所繁殖的個體有限，有無其他方法可以加速繁殖？
11. 試述蓮霧在臺灣最常用的繁殖方法？
12. 靠接是臺灣首創的番石榴繁殖法，試簡述其操作方法？
13. 何謂「共砧」？
14. 番荔枝粗鱗種和細鱗種都用種子繁殖，為何 Gefener 品種必須用嫁接繁殖？
15. 番木瓜雌雄株結長形果，雌株結圓形果，如何控制授粉，使後代實生苗之雌雄株多，而無雄株？
16. 印度棗栽培，果農有的喜歡買實生苗，有的則買嫁接苗栽培，二種種苗各如何生產，又果農為何買實生苗？
17. 如何處理枇杷接穗，以提高嫁接之成活率？
18. 橄欖在過去為了防風和水土保持而與其他果樹間作，故種苗多掘起橄欖樹下的實生苗利用，但今後若要專業栽培，則種苗如何生產？

19.試簡述百香果之繁殖方法？

20.如何選擇栽培梨品種之砧木？

21.梅用桃砧或共砧，對梅的生長有何影響？

22.試述臺灣各地區李栽培，嫁接所使用砧木之差異？

23.高接李之成活率與砧木有何關係？

24.試比較臺灣常用葡萄砧木品種之特性？

25.核果類種子繁殖，種子常須溼冷層積。何謂濕冷層積？（參考第二章）

26.蘋果砧木有哪些？為何臺灣常用者僅圓葉海棠一種？

27.試比較豆柿和君遷子之繁殖及與接穗品種之親和力？

28.落葉果樹枝接與芽接適期有何差異？為什麼？

實習 6–1　柑桔之無性胚苗繁殖

一、目的：瞭解柑桔種子之多胚性構造及無性胚種苗之選育。

二、方法：1.解剖、觀察並繪圖說明柑桔多胚性種子構造。
2.柑桔種子播種。
3.由多胚苗中區別有性胚苗和無性胚苗。

實習 6–2　荔枝之高壓繁殖

一、目的：1.複習高壓法之操作方法。
2.比較預先環狀剝皮（1 個月前），對高壓苗之影響。

二、方法：1.預先環狀剝皮一批高壓枝條。
2.進行高壓繁殖，成活後比較高壓苗根系之發育。

實習 6–3　香蕉無性繁殖

一、目的：熟習香蕉之吸芽繁殖和塊莖繁殖之操作方法。

二、方法：1.選優良吸芽，進行分株繁殖。
2.選適當植株進行塊莖繁殖方法。

實習 6–4　鳳梨之營養芽繁殖

一、目的：認識鳳梨不同營養芽之著生位置、形態以及繁殖方法。

二、方法：1.介紹、觀察並繪圖說明鳳梨之各種營養芽。
2.以不同營養芽進行扦插繁殖。

實習 6-5　番木瓜育苗

一、目的：熟習木瓜苗之生產技術。

二、方法：1.從成熟木瓜果中，精選優良種子。

2.以精選種子播種於 PE 塑膠袋（預先打孔、並裝填培養土）中育苗。

實習 6-6　葡萄之嫁接繁殖

一、目的：熟習葡萄之扦插與嫁接繁殖技術。

二、方法：1.選擇優良砧木扦插。

2.以預先培養砧木為砧，以舌接方法進行嫁接。

第7章　蔬菜種苗之生產

絕大部分之蔬菜作物為一、二年生草本植物，其生命週期短，有性繁殖方法於是成為蔬菜種苗生產最主要的方法，因此現代化蔬菜生產多仰賴高品質之種子。要成為高品質的種子，除了具備有優良的作物特性以外，種子的純度、發芽力以及發芽的整齊度等都需面面俱到。臺灣蔬菜種類繁多，本章僅述及重要的蔬菜種類之種苗生產，當然主要為種子生產。

◆第一節　葫蘆科蔬菜之種苗生產◆

葫蘆科蔬菜多屬一年生蔓性植物，在臺灣具高經濟價值的葫蘆科作物種類有：西瓜、甜瓜、胡瓜、南瓜、絲瓜、扁蒲、苦瓜以及冬瓜等。其中尤以西瓜、甜瓜、胡瓜以及南瓜的種子生產最為重要。

一、種子生產

臺灣瓜類之種子生產集中於中南部的秋冬季。由於這地區秋冬季節氣溫暖和、雨量少、空氣中的相對溼度低，不只適於瓜類生長，且有利於採種。所生產的種子可分為標準品種（又稱固定品種）和一代雜交品種兩類。

㈠標準品種生產模式

因為標準品種的種子很便宜，生產的方法也較簡單。供採種的栽培與鮮果的栽培法相同。因此農民常在鮮果市場價格不好時，或生育後期，讓部分果實繼續生長來採收種子，自行留種。為防止品種劣化，栽培期間仍須注意品種的隔離和隨時淘汰不良性狀的植株。適用此法生產的瓜類種子有扁蒲、絲瓜、南瓜、部分苦瓜以及東方甜瓜。

㈡一代雜交品種生產模式

由於瓜類的一代雜交品種的品質佳、產量高、生育強健、早熟、整齊度高，因此雜交種子的生產越來越重要。如西瓜之一代雜交品種所占種植面積比率高達 95%，僅少數瓜子西瓜為標準品種。胡瓜除了少數地方品種為標準品種，一代雜交品種的占有率也在 95%。而甜瓜除了部分東方甜瓜為標準品種外，也都為一代雜交品種。

瓜類作物有數種不同花性類型，如雌雄異花同株、全雌株、全雄株、兩性花株、雌花與兩性花同株、雄花與兩性花同株，以及雌花、雄花以及兩性花同株等七種。但西瓜、胡瓜，以及絲瓜之栽培種主要為雌雄異花同株，而甜瓜則為雄花與兩性花同株。因此瓜類作物生產一代雜交種子的方法有很多。例如：

1. 利用雌雄異花同株，或雄花、兩性花同株的植株，以人工去雄、授粉的生產方式。
2. 利用植物生長調節物質，改變雌雄異花同株的花性，促進雌花形成，然後以自然雜交授粉方式生產。如胡瓜於苗期在本葉 1～4 片時施用 200～500 ppm 的益收，可以促進雌雄異花同株的植株形成雌花的效果持續 2～3 週。

3. 以全雌花的植株作為母本生產種子，可以免除人工去雄的麻煩。這種採種的方式又細分為三種方法：

(1) 以全雌株的品系為母本，而以同園藝性狀，但為雌雄異花同株的植株為父本，雜交後代再與另一雌雄異花同株的品系雜交，生產雜交種子（圖 7-1）。

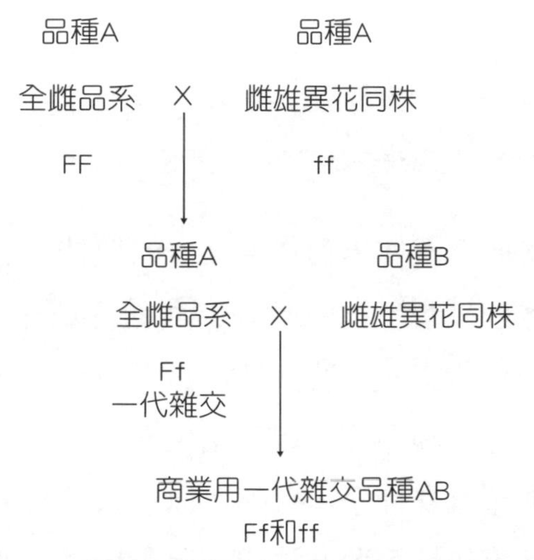

▶ 圖 7-1　利用全雌系統生產商業用一代雜交品種。

(2) 全雌株品系與另一兩性花株的雜交種作為母本，再和雌雄異花同株品系的父本雜交，生產三系雜種。由於全雌株與兩性株品系的一代雜交種常為全雌株，因此維持全雌株品系並不困難（圖 7-2）。

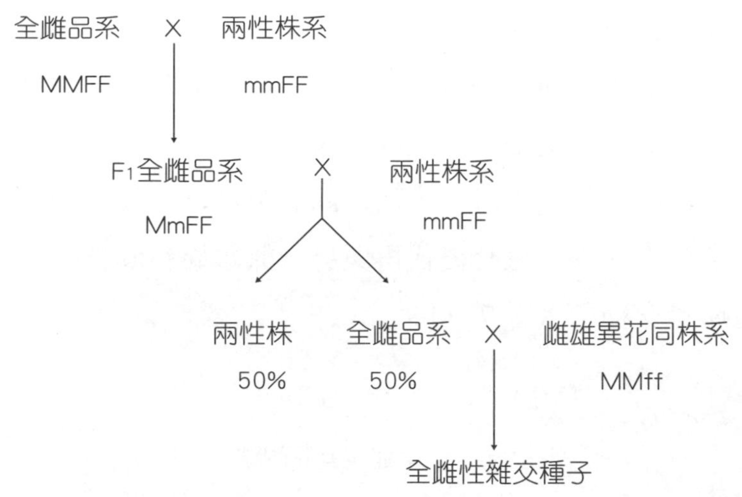

▶圖 7-2　胡瓜雜交種子生產流程圖 (Kubicki, 1970)。

(3)父母本都屬於全雌株，但作為父本的植株，必須在苗期以藥劑或生長素處理，誘導產生雄花，以供應花粉生產一代雜交種子。這種由全雌株所生產的雜交種常具單為結果的特性，否則在栽培時須再種花粉親品種，以利結果。

利用全雌株生產雜交種子，雖然可以免去除雄的麻煩，但在另一方面則必需利用無性繁殖方法或利用化學藥劑改變瓜類花性的表現型。例如以 50 ppm 的 GA_4 與 50 ppm GA_7 混合液，或以 50～200 ppm 的 AVG (aminoethoxyvinylglycine) 溶液噴布全雌株產生雄花。又以 100～400 ppm 的硝酸銀溶液或 50～200 ppm 的 AVG 溶液噴布甜瓜的全雌株，可以使植株形成兩性花。如此一來，要維持瓜類全雌株品系就再無困難了。

二、無子西瓜種子生產

三倍體無子西瓜育種，需要相當的科學水準；種子生產更要有嚴密的採種技術體系。臺灣於民國 48 年由鳳山園藝試驗分所育成無子西瓜品種後，民國 50 年全面生產，是臺灣所生產重要蔬菜種子之一。

一般二倍體西瓜的染色體有 22 條 (2n = 22)。而三倍體西瓜是先將二倍體西瓜種子或小苗的生長點處理秋水仙素 ($C_{22}H_{25}NO_6$) 後，變成四倍體植株，然後以此四倍體植株為母本，二倍體西瓜為父本進行雜交，所得的後代即為三倍體。由於三倍體西瓜不能進行正常的結種子，因此俗稱無子西瓜（圖 7–3）。

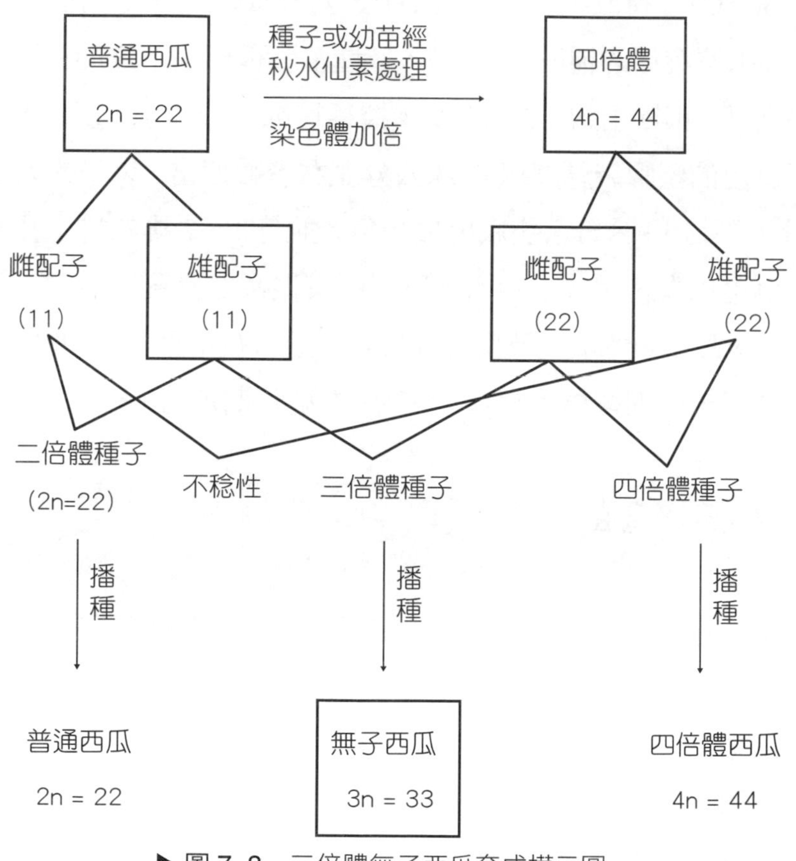

▶ 圖 7–3　三倍體無子西瓜育成模示圖。

三、瓜類種子育苗

瓜類通常用塑膠袋育苗。育苗前種子先以 55～60 °C 溫湯浸種，或經殺菌劑消毒，以防止附著在種子上的病菌影響發芽或為害幼苗。種子經消毒後即可催芽，以提高種子的發芽率，並使發芽迅速而整齊，可以節省種子用量且防止缺株，催芽的溫度為 25～30 °C （無子西瓜為 28～30 °C)。待胚根露出種殼約 0.5 公分長時，即可播種在塑膠袋內。每袋平置發芽的種子 1～2 粒，若種子胚根已向下彎曲，則根端必須保持向下。再覆土約 1.5 公分厚。播種後應充分澆水，以促進發芽。

育苗用的塑膠袋厚度以 0.03 公分左右者較適當。袋子的大小寬約 15 公分，深約 13 公分。袋底剪去雙角，並打 1～2 排的排水孔。塑膠袋的顏色可以為透明或半透明，以利觀察根系之發育。

胡瓜、甜瓜、冬瓜以及南瓜等瓜類，通常在本葉 4～5 片時定植。但西瓜苗定植時期較早，常在 2～3 片本葉時期定植。

四、瓜類嫁接育苗

為了防止西瓜的蔓割病、苦瓜的萎凋病，臺灣西瓜和苦瓜種苗都利用嫁接繁殖。

㈠嫁接用根砧

常用抗西瓜蔓割病的根砧及其特性列述如下：

1. 扁蒲砧：嫁接易，親和性良好、耐溼性和低溫生長性較西瓜強，根群發達，吸肥力強，但對鈣、鎂、硼之吸收較差，耐根瘤線蟲和守瓜幼蟲，但對炭疽病耐性弱。對西瓜品質的影響尚安定，有時瓤質稍硬、纖維稍多，鬆爽稍差。

2. 南瓜砧：常以西洋南瓜和中國南瓜交配的 F_1 品種為根砧。對西瓜的親和性好，耐低溫，吸肥力強，結果力強，抗炭疽病和蔓割病，但南瓜砧上的西瓜果型不安定。
3. 冬瓜砧：耐熱耐旱而不耐寒，對西瓜之產量安定，但對西瓜果實品質之影響常因砧穗品種組合而異。冬瓜苗胚軸易空心，西瓜接穗常發根經由空心入土中，失去嫁接意義。
4. 西瓜共砧：耐熱不耐寒，親和性高，產量和品質均很安定。
5. 苦瓜雖然與南瓜砧和扁蒲砧也有親和力，然而扁蒲砧易罹患根腐病，而南瓜砧不耐溼，因此苦瓜嫁接採用絲瓜為砧木。絲瓜的品種很多，圓筒絲瓜砧在嫁接適期時，下胚軸僅 1 公分左右，嫁接操作不方便，宜選用具長下胚軸的絲瓜品種為宜，如一代雜交品種「雙依」。

㈡嫁接方法

瓜類作物為草本，因此嫁接方法與木本作物稍有不同，主要的嫁接方法有頂插接、腹插接（旁插接），以及舌狀靠接等，茲分述如下：

1. 頂插接與頂劈接：根砧比接穗提早播種 3～5 天，即根砧嫁接適期是在本葉一片時，而接穗嫁接適期是在子葉合掌期（圖 7–4）。嫁接時先將根砧的莖生長點剔除，再以小竹籤（圖 7–5）插入根砧植株兩片子葉之間，深約 1 公分。另將接穗由子葉下 1.5 公分處切斷並削尖。當竹籤由根砧拔出時，迅速插入接穗即完成頂插接。頂接時，根砧也可用刀片劈開，而接穗則削成楔形，接合後用固定夾夾住，此種頂接則稱為頂劈接。

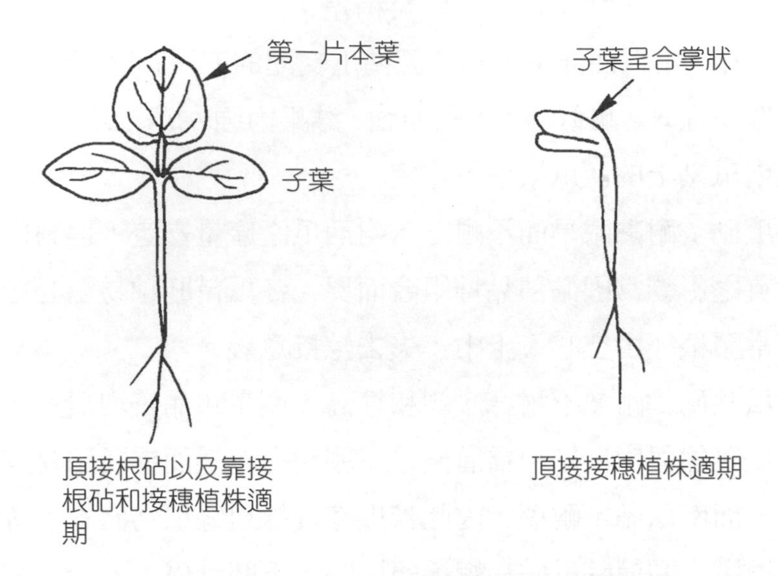

▶圖 7–4 瓜類作物砧木，接穗實生苗之嫁接適期。

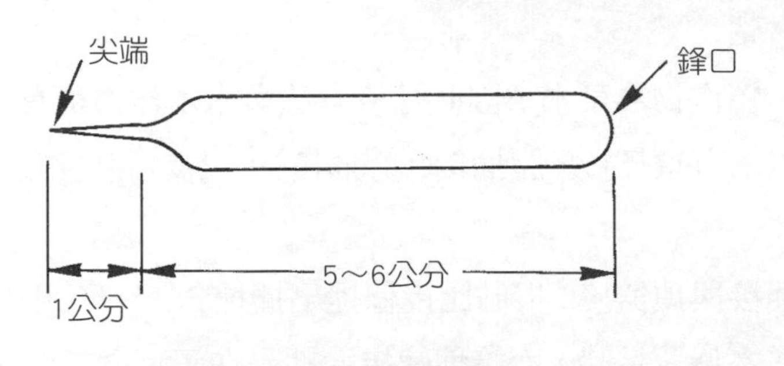

▶圖 7–5 瓜類嫁接用竹籤。

2. 旁插接：根砧與接穗的準備與頂插接相同，唯根砧嫁接的位置，是在子葉下 1 公分內以竹籤自下胚軸的狹面向下斜插入，直到竹籤尖端穿出胚軸的另一側，然後在竹籤拔出後迅速把削好的接穗插入固定之。
3. 舌狀靠接：砧木與接穗兩者的高度一致，嫁接操作較方便，二者可都在本葉一片時嫁接。根砧在剔除莖生長點後，由子葉下 0.5 公分處，由上而下，以 60° 斜角切至胚軸切面的 2/3 處。接穗則是由子葉下 1 公分處，由下而上，以 60° 斜角切至胚軸切面的 2/3 處。然後將二者舌狀切口靠接密合之，再用夾子固定。成活後，從固定夾下 0.5 公分處將接穗的胚軸剪斷即成。

瓜類嫁接後要注意遮陰、切口處切忌澆到水。兩日後逐漸增加光強度以防止徒長，7～10 天後可定植於田間。

◆第二節　茄科蔬菜之種苗生產◆

屬於茄科的蔬菜主要有：番茄、茄子、甜椒、辣椒，以及馬鈴薯。其中馬鈴薯以塊莖繁殖（種薯）。而番茄、茄子、甜椒，以及辣椒都以種子從事經濟生產。

一、一代雜交種子生產

茄科作物採種以中南部 9、10 月進行栽培。土壤則以排水良好之砂質壤土最適宜，土壤 pH 值則為 5.7～6.5。為了確保能採到足夠的花粉供授粉用，父母本植株的比率為 1:4，而且父本較母本早 7～10 天播種和定植。還有父本常種在陽光較早照射到的地點，以促使露水早乾，花藥早乾開裂。

母本上的雄蕊必須在蕾期去除。番茄和茄子在開花前 1～2 天去雄，甜椒則在開花前 2～3 天去雄。番茄和茄子花朵較大，去雄時只除去花藥；番椒和甜椒去雄時，則將花藥與花瓣同時除去。

花粉的收集是採集父本植株上當天會開花的花蕾，在陽光下曬，使花藥開裂，再將花粉敲到容器內。也可以在開花前二天收集父本上的花蕾，置乾燥器中 24 小時，再將花粉篩出，收集的花粉貯存在 5 °C 冰箱內，可存放兩週。

番茄和甜椒，在開花當天下午授粉，茄子則可以行蕾期授粉。番茄於第 2～3 個花序開始授粉，每花序留 4～5 果，每株授粉 4～6 個花序。茄子於第 4 個花序開始授粉，每株留 8～12 果。甜椒於第 3～4 次分枝處著生的花才開始授粉，每株留 7～8 果。番椒則每株留 15～20 果。留果位太低，或留果太多會影響到種子的產量與品質。

授粉後番茄經 40～50 天，茄子經 50～60 天、番椒經 40～60 天，果實即完全成熟。此時期番茄的果肩部呈紅色或粉紅色，茄子果實為褐色、番椒果實則為紅色。果實採下後，置陰涼處後熟，促使果肉的養分移轉到種子內。後熟的時間番茄為 3～4 日，茄子為 10～15 日，番椒則為 5～10 日。

由於果實形態略有不同，因此種子調製方法也有所不同，茲分述如下：

㈠番茄

踏碎的果實收集於非金屬製容器中，加少量米糠以促進醱酵，醱酵時間為 2～3 天。這期間，要攪動數次，以防止產生氣泡，防止種子發芽。或是用番茄種子脫除機分離出種子；種子漿中再加入 5% 鹽酸攪拌，20～30 分鐘後，再用清水洗去種子表面膠質物質。

另外，供機器播種用的種子，還須去除種子表皮上的毛。可將上述洗淨的種子再浸到 5.6% 次氯酸鈣的水溶液中 20～30 分鐘，並不時的攪拌，再脫水即可。

㈡茄子

果實先切除果蒂，再縱切四片並稍搗爛後，即可放入水中揉洗，因果肉質輕，很容易浮流，留下種子。

㈢甜椒

先切除果蒂，縱切果實，再去除果肉，最後用手揉，使種子脫離胎座，去除雜質即可得乾淨種子。

㈣辣椒

將果實打碎、水洗即可得種子，但因市場上不喜歡因水洗而變白的種子，因此可將脫水後的種子，再浸到辣椒汁液 5～6 分鐘再脫水即成。

脫水後的種子先陰乾 1～2 天，再在陽光下曬乾或用乾燥機以 30～32 °C 溫度烘乾 48 小時，使種子含水量在 7% 以下。一代雜交種子的品質要求為：含水量 7% 以下，種子純度 98%，以及發芽率 85% 以上。

為了使種子迅速發芽和發芽整齊，播種前，種子先以 50～55 °C 的溫湯浸種 30 分鐘。然後在 25～30 °C 的環境下播種。穴盤育苗以 104 格穴盤為宜，植株通常在 4～5 片本葉時定植，即育苗期約 25 天。

二、馬鈴薯健康種薯的生產

馬鈴薯用塊莖繁殖，為避免病蟲害經由種薯傳播，以及栽種後產量減少影響經濟生產效益，必須進行健康種薯的培育。種薯的生產採用原原種、原種、採種的三級繁殖體系。首先是以無病毒的組織培養瓶苗或由瓶苗培育的小種球，栽培於溫室內稱為基本種，基本種栽培於網室內稱為原原種。由農委會種苗改良繁殖場負責生產。其次將原原種栽培於隔離的山區或網室，所生產的塊莖即為原種，由豐原區農會和斗南鎮農會負責生產 。 最後將原種在平地隔離良好的地區再繁殖，即為採種（販賣種）。也是由豐原區農會和斗南鎮農會負責生產。各階段種球生產，病蟲害之檢查都由農委會種子檢查室負責。檢查的項目，除了田間病害的觀察和計算發病率外，收穫前另取樣進行「酵素聯結抗體」(ELISA) 的病毒偵測。種薯採收後，也應檢查種薯有無腐爛、損傷，以及腫瘤外，並再取種薯上的芽體進行 ELISA 病毒偵測（表 7–1）。

生產品質優良的種薯，必先選擇良好的栽培地點，土壤以砂質壤土較好，而且前期作物以水稻最佳。毒素病是為害最嚴重的病害，主要靠接觸傳染或昆蟲傳播，因此適當的隔離，尤其是與茄科和薔薇科植物的隔離；定期有效的防治病蟲害，避免昆蟲媒介，都可以降低病毒的感染。

扦插繁殖除了繁殖率高外，可以避免黑腳病的傳播。扦插的方法有莖頂扦插、單節扦插，用種薯所萌發的新梢扦插，以及利用葉芽插，先培育成塊莖再繁殖等方法（表 7–2）。

▶ 表 7–1 馬鈴薯種薯檢查標準

項目	原原種	原種	採種
其他品種混雜	無	無	無
毒素病	無	3% 以下	5% 以下
萎凋病	無	無	無
瘡痂病、黑痣病 炭疽病疫	無	極微	10% 以下
種薯外觀	不損傷 不腐爛 無腫瘤	不損傷 不腐爛 無腫瘤	不損傷 不腐爛 無腫瘤

▶ 表 7–2　馬鈴薯各種扦插繁殖法

方法	莖插	葉芽插	嫩梢插	葉芽插（塊莖形成）
插穗	莖頂梢	1 節帶葉	塊莖長出的幼芽	1 節帶葉
條件	鉢、砂 春天 玻璃室	鉢、混合介質 19～24 °C 玻璃室	玻璃皿、濾紙 27 °C 玻璃室	扦插床，混合介質 16/10 °C， 18 小時日長 玻璃室
發根期間（或塊莖形成）	2 星期	1 個月	1 個月	6～7 星期（塊莖形成）
繁殖率	6 個月 500 枝	3 個月 500 枝插穗	每塊莖 80～150 支嫩梢	每母株生產 114 支插穗

第三節　十字花科蔬菜之種苗生產

十字花科蔬菜主要分為蕓苔屬和蘿蔔屬兩大類。前者包括有白菜、甘藍、油菜、芥菜等，後者則有蘿蔔等重要蔬菜。每年種子的需求量在 84,000 公斤以上（表 7–3）。

▶ 表 7–3　臺灣十字花科蔬菜栽培面積及種子需求量

種類	面積（公頃）	種子需要量（公斤）	10 公畝需要種子量（公克）
蘿蔔	8,274	41,370	500
甘藍	11,593	4,057	25
結球白菜	8,837	4,418	50
不結球白菜	6,226	31,130	500
花椰菜	7,321	2,196	30
芥菜	3,726	1,117	30
合計	45,977	84,288	—

一、採種栽培的特性

1. 大部分十字花科蔬菜由營養生長期轉入生殖生長期之前需經低溫刺激以促使抽苔開花稱之為春化作用。春化作用在胚開始活動即能對低溫感應者，稱為種子春化型作物，例如蘿蔔、白菜類以及蕪菁等。另外，對低溫之感應，苗齡需達一定大小者，稱為綠春化型作物，例如甘藍等。而每一品種對低溫程度和低溫期間長短的要求，差異性很大。
2. 十字花科作物是天然異交作物，具有自交不親和性，利用此種特性，生產第一代雜交種子，不但不必去雄，而且雜交後代具雜種優勢，是十字花科種子生產利用頗多的特性。反之，十字花科不但種內雜交容易，種間雜交也有相當高的親和力，例如油菜類與白菜類之間的雜交種子，仍具相當高的稔性。
3. 由於十字花科作物販售時，仍未達抽苔開花期。因此可以在產物期先選拔優良植株，作為生產原種種子的親本。此即所謂的母系選拔法（圖 7-6）。

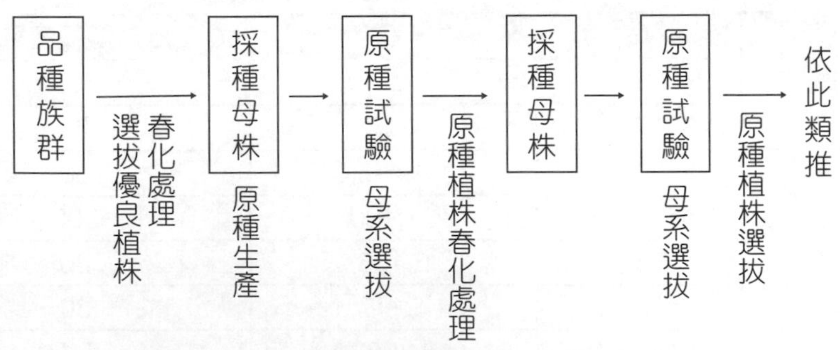

▶ 圖 7-6　十字花科作物母系選拔法的步驟。

二、採種種類

依採種之目的，採種方法可分為四種：

㈠由結球株種子之採種方法

此方法適用於結球類十字花科作物育種時或建立原種圃時採用，整個生產過程可分為營養生長期，轉換期以及種子生產期等三個時期。在營養生長期的栽培管理有如一般結葉球的管理，但由於還需繼續栽培一段時間， 更須注意避免傷害以及後期的病蟲害防治。在轉換期是指結球完成後，經花芽分化到抽苔的這段時間。此時期先選拔具優良結球性的植株供留種用；選出的植株以十字切割或環切以幫助抽苔。種子生產期常受高溫限制，因此常先將植株掘起盆植在高冷地開花採種；或者在低溫環境經春化處理之後，再移到平地栽培採種（圖 7–7）。

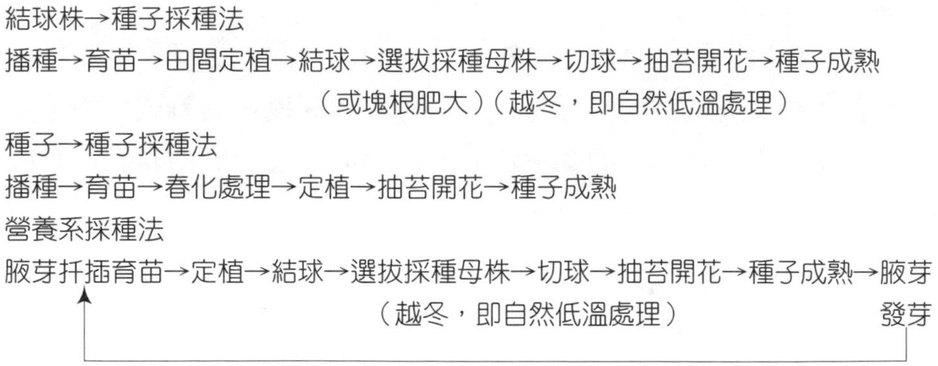

結球株→種子採種法
播種→育苗→田間定植→結球→選拔採種母株→切球→抽苔開花→種子成熟
（或塊根肥大）（越冬，即自然低溫處理）
種子→種子採種法
播種→育苗→春化處理→定植→抽苔開花→種子成熟
營養系採種法
腋芽扦插育苗→定植→結球→選拔採種母株→切球→抽苔開花→種子成熟→腋芽發芽
（越冬，即自然低溫處理）
（腋芽發芽→腋芽扦插育苗）

▶ 圖 7–7　十字花科作物之採種流程圖。

㈡由實生苗生產種子之採種方法

此方法多用於採種圃之採種，原則上栽培方法與上述方法相同，唯為了縮短栽培時間，一般播種較晚，利用自然低溫或人工低溫進行春化處理，使採種母株不結球而直接抽苔開花。因此這種方法雖然簡單，但少一次篩選結球性狀的機會，所以採種所用的種子需具優良遺傳性狀。春化處理可分為種子春化型，如大梅花蘿蔔，在種子催芽後置於 2～3 °C 21 天，植株即可開花。另外一種綠春化型，如北平球莖甘藍則植株必須在莖粗 6 公分以上或 13 片本葉以上，處理 6～8 °C，一個月以上植株才會開花（圖 7–7）。

㈢由營養系植株生產種子之採種方法

即利用營養繁殖方法來繁殖採種母株，以保持原有母株之優良特性。例如大部分甘藍群的植株，花莖在種子成熟後並不枯死，且會從葉腋處萌發新芽，利用這些萌發的腋芽可以大量繁殖遺傳性狀與母株相同的後代，並且培養成採種母株（圖 7–7）。

㈣自交系之採種方法

十字花科作物常具自交不親和性，因此自交授粉幾乎收不到種子，因此在繁殖純系的原種時，一般可用蕾期授粉的方式，而不受自交不親和性的限制。即利用柱頭內尚未產生抑制同型花粉生長的物質的花蕾期，進行自交授粉。此種採種僅供生產親本種子。

臺灣十字花科蔬菜作物採種常利用海拔 1,500～1,800 公尺的山地行春化處理，作物可以得到很好的開花效果，而且利用高冷地可以選擇晚抽苔性的植株，所選出的族群以後在平地行葉菜栽培時，植株不易抽苔比較有利。不過高冷地採種還是應避開雨季，以免因日照不足，而影響種子的品質（表 7–4）。

▶ 表 7–4　臺灣十字花科蔬菜種子傳統生產及建議的生產方法

種	類	主要品種	傳統方式	建議方式
蘿蔔：	A.早抽苔性	泰國種	冬季於低海拔地播種	①採種母株於夏或秋季播種於平地，再人工春化處理，使其開花，生產種子。(根—種子生產法) ②原種於冬季播於平地或 500～800m 的山坡地，以自然低溫行春化處理，使其開花生產種子。(種子—種子生產法)
	B. 40～50 日蘿蔔	40 日矸仔杙 40 日蘿蔔 大擇扒齒 馬耳早	冬季於低海拔地播種	
	C. 50～60 日蘿蔔	60 日矸仔 大白杙 冬瓜白 頭州早 南畔州 50～60 日矸仔	冬季於低海拔地播種	
	D. 60～70 日蘿蔔	梅花矸仔 梅花杙仔 大梅花	冬季於低海拔地播種	
	E.不抽苔性品種	晚生大梅花 聖護院 粗大藏	冬季於 500～800 m 的山坡地播種	
甘藍：	A.熱帶品種	葉深 咖吶種 大有種 種苗 1 號	秋季播於低海拔地	①採種母株於夏或秋季播種於平地，再人工春化處理，使其開花生產種子。 ②植株利用山地的低溫行春化處理後，移至平地開花採種。
	B.不抽苔性品種	初秋 初夏 夏峰 60 日甘藍 秋王 早秋		
球莖甘藍：	A.熱帶品種 B.不抽苔性品種	金門早生 北京晚生		與甘藍同。

（沈和郭，1988）

十字花科蔬菜種子宜在 7～8 分熟時一次採收，採收後種莢再置於通風處後熟 10～15 天。最後擇晴天之日，搬至曬場曝曬並拍打脫粒。

種子量少時種莢可事先裝入網袋；種子量多時可預先在曬場鋪上細網，以避免種子掉落損失。收集的種子先篩去較種子粗的雜質，再經風選除去細微雜質即可得精製種子。

◆第四節　菊科蔬菜之種苗生產◆

屬於菊科之蔬菜作物約有 35 屬，在我國的蔬菜有 14 屬，皆為冷季作物，不耐夏季高溫，通常在涼溫長日下開花結實。茲僅就利用價值較高的萵苣、茼蒿以及牛蒡等三種蔬菜敘述之。

一、採種栽培的特性

萵苣為冷季的陽性蔬菜，生育溫度以 15～20 °C 為宜，且對日照之敏感性很強，日照不足時生育弱，在長日且具強光乾燥之環境，是採種的理想環境。另外萵苣的花苔分枝多，但卻不堅強，故也應避開多風之處，採種植株最好在抽苔時即立支柱扶持。

茼蒿也是長日植物，日長只要在 12 小時 30 分以上即可促進抽苔開花。而生長適溫也與萵苣相同。不過茼蒿耐溼性很強，在營養生長期時，多溼栽培可以促使植株生長茂盛。不過在抽苔以後，多雨會減少採種的數量。

牛蒡喜好較溫暖氣候，雖然耐高溫也耐寒冷，但營養生長適溫為 20～25 °C。不過牛蒡必須在涼溫環境才能抽苔，因此臺灣平地不能採種。牛蒡也是長日作物，在 12 小時 30 分之短日下不抽苔，抽苔開花時，需有充實日照，才能維持種子之品質。

二、採種種類

㈠原種之採種

萵苣是自交作物，因此原種之採種很簡單，品種採收原種時，只需 10 公尺的隔離，即可保持純系。茼蒿花器之構造雖同為菊科之構造非常嚴密，但卻是雌雄蕊異熟，屬於蟲媒花，故易發生雜交，品種採收原種時，必須有嚴密的隔離，採同株鄰花授粉。而採種圃品種間之隔離須 500 公尺以上。牛蒡雖以自花授粉為主，但也可以異花授粉，因此和茼蒿相同，品種採收原種時，先選優良性狀的單株隔離栽培，隔離距離約為 100 公尺以上。但牛蒡是以越冬萌芽之三年生植株為採種母株。萵苣和茼蒿則以一年生植株為採種母株。

㈡採種圃之採種

萵苣類作物根群發達，移植容易，因此多採用母本移植採種法；即選拔出優良單株，再移植於採種圃栽培採種。但因萵苣類蔬菜種類多，形態可分為結球萵苣以及不結球萵苣二大類。結球萵苣可秋播經冬季結球後選拔優良植株，並於抽苔前將葉球頂面作十字形切開，以利抽苔開花。也可春播在半結球時選拔植株於當年夏天直接抽苔開花。不結球萵苣秋植大植株採種相當於結球萵苣之結球株採種，而春植小植株採種則相當於結球萵苣之半結球採種。

茼蒿之採種栽培，除了移植採種法外，也可以在秋季直播採種或在春季以密植直播的方式進行採種栽培。

牛蒡除了移植採種法和直播採種法以外，另有一種宿根採種法，即 2～3 年生的採種植株在種子收穫後，根際仍能萌發新芽，經肥培管理後可以再生產種子，如此可以維持生產種子達數年。

萵苣類蔬菜在全株八、九分黃變時採收種子。全株割斷後風乾後熟一週，經拍打脫粒後篩去雜質，最後再用風選除去比種子小之雜質。已清潔之種子再經日曬至含水量在 10% 以下，分級包裝並貯存於低溫乾燥處。茼蒿則在植株上總苞全部變黃，而莖葉尚帶青綠色時採收種子。而精製種子的程序與萵苣類相同。牛蒡採種時，不同成熟度果實，不得混合在一起。個別採收成熟之毬果，經曝曬 3～4 天後用連耞敲打，種子很容易分裂脫出。其餘精製種子之方法也與茼蒿或萵苣類作物相同。

◆第五節　蝶形花科蔬菜之種苗生產◆

蝶形花科共約 450 屬，屬於蔬菜作物者約 30 屬，而我國栽培之蝶形花科蔬菜有 10 屬（表 7–5），由於莖、葉、果莢及種子含大量蛋白質，在蔬菜上之地位頗為重要。一般育種目標多注重提升蛋白質之含量。

▶ 表 7–5　常用蝶形花科蔬菜之種屬

種屬	屬名	蔬菜用品種	食用部分
豌豆屬	*Pisum*	軟莢種、豆粒種	嫩莢及嫩籽
洋扁豆屬	*Lens*	豆粒種	嫩籽
蠶豆屬	*Vicia*	豆粒種	嫩籽
花生屬	*Arachis*	豆粒種	老籽
菜豆屬	*Phaseolus*	軟莢種	嫩莢
豇豆屬	*Vigna*	軟莢種	嫩莢
豆薯屬	*Pachyrhizus*	塊根	老根及嫩根
扁豆屬	*Dolichos*	軟莢種、硬莢種	嫩莢及豆粒
刀豆屬	*Canavalia*	軟莢種	嫩莢
毛豆屬	*Glycine*	硬莢種	豆粒

一、採種栽培的特性

由於種類多，因此蝶形花科蔬菜之形態和對氣溫之適應性各有不同。蝶形花科蔬菜為一、二年生草本，但分為矮性，如大豆屬蔬菜；半蔓性，如豌豆屬蔬菜；以及蔓性，如菜豆屬、扁豆屬，以及豇豆屬蔬菜。而對氣溫適應性有耐嚴寒之蠶豆屬和豌豆屬蔬菜，有耐高溫之豇豆屬、地瓜屬以及花生屬蔬菜，以及耐涼溫之菜豆屬、大豆屬以及洋扁豆屬蔬菜。

蝶形花科蔬菜之花器構造非常嚴密，不易與外來花粉混雜，故很容易保持純系品種特性，不容易發生自然雜交。如大豆和菜豆之天然雜交率都低於 1%，甚至於利用昆蟲幫助授粉，雜交率也僅 5%。不過由於花器密合而且花器構造特別，即雌蕊抱合於雄蕊之間，而且彎曲脆弱。因此除雄工作非常困難，稍有不慎，常易傷及雌蕊，影響採種。

另外蝶形花科蔬菜之花朵，多在下午或夜間開放，在花開時，柱頭已成熟授粉。結實率除了受溫度影響外，也受日長影響，日照強、時數多，光合率提升，結種量可增加。而且在品種上有長日照、短日照品種之別，在採種栽培前，應先注意此一特性。

二、採種種類

㈠原種採種

原種採種圃之隔離距離因作物之自然雜交率而定。大豆之自然雜交率低於 0.5%，因此純系採種除了機械混雜外自然雜交發生機會不大，但栽培期田間之選拔工作仍須嚴格，勿使有雜株混入，種子成熟即分別採收。菜豆、豇豆、豌豆等原種之採種圃，只須 10 公尺以上的隔離，即可保持純系。但蠶豆為蟲媒花，其自然雜交率高達 17%，原種之採種圃須隔離 500 公尺以上。

另外，原種之種子應為形整而飽滿充實。蔓性植株者，每一株可結數十個果莢不等，因此留做採種的結果位各有不同，例如菜豆和豇豆選留第 3 花房以後，植株中部的果莢供作原種。豌豆則選留前數節位的果莢為原種。而蠶豆則選留每葉腋間之花序所結第一個莢果為原種，每株留 10～15 莢，得種子 40～60 粒。

㈡採種圃採種

採種栽培與普通豆類蔬菜生產的栽培方法完全相同，採種圃的安全隔離距離以及生產種子所留之果莢位置和產量，與原種種子生產相同。儘量避免枝梢末梢所結不充實之種子。

花數多的作物，自第一朵花至最末一朵花種子成熟時間差異大，幸好豆莢內種子不易裂散，在乾燥天候下，可以一次採收比較省工。但豆莢並無後熟作用，若種莢成熟而遭雨淋，種子反而立刻發芽，而損品質。因此在不能控制天候的環境下，則應在豆莢老熟變色時分批採收，比較安全。採收下的豆莢，經陽光曝曬 1～2 天，經翻動敲打，種子即輕易脫離，經精選去除不良種子後，以風選吹除細小雜物，再經充分乾燥，即可分級、貯藏或出售。

◆第六節　繖形花科蔬菜之種苗生產◆

重要的繖形花科蔬菜有胡蘿蔔和芹菜，雖然前者屬根菜類，後者屬葉菜類，然在栽培上與第五節蝶形花科蔬菜同樣都是採用直播育苗，因此其種苗生產，實際上仍只限於種子生產。

一、採種栽培的特性

胡蘿蔔和芹菜在冷涼乾燥的自然環境為適合採種的地方。日溫 20 °C（芹菜）～22 °C（胡蘿蔔），夜溫 15 °C，日夜溫差大種子產量高。在盛花期時平均日溫以 18 °C 為宜，而且日照必需充足，在全日陰天的情況下，小花閉合不開展。

胡蘿蔔和芹菜屬於長日植物，而且需經春化作用才能抽苔開花。溫度超過 25 °C 時雖延長日照，不利抽苔；反之，在短日環境下，雖有足夠低溫，仍不見抽苔。在臺灣雖可利用高冷地採種，或利用人工春化處理在平地採種，但仍因春季氣溫回升太快，夏季梅（霉）雨季無法避免，終非理想之採種環境，因此胡蘿蔔與芹菜在臺灣之種子生產極為有限。

胡蘿蔔和芹菜既為繖形花科蔬菜，顧名思義，其花序屬繖形花序。

二者之花序是集合許多小繖形花序之複聚繖花序。除了主枝所生之頂花輪外，側枝可分為第一次、第二次、第三次以及第四次側枝之分，故其上之小繖形花序稱為第一側花輪、第二、第三以及第四側花輪。通常第三和第四側花輪都只開花而不結實 。 而且第二側花輪種子較小，發芽率也不高，為求提高種子品質，在栽培時宜早將第二、三、四側枝摘除。

二、採種種類

㈠原種之採種

胡蘿蔔和芹菜雖為雌雄同花，但花器小、小花密接、雄蕊先熟屬於蟲媒花，自然雜交率在 85% 以上。選拔優良的單株切除部分葉片 ， 胡蘿蔔去葉 2/3 ， 芹菜去葉 1/3 ； 然後移植於隔離地區或網室內，到抽苔開花時，可用採種籠套住，放入數隻蒼蠅或蜜蜂，任其蟲媒授粉，直至種子成熟。以單株的種子作為原原種，混合採收的種子作為原種。

㈡採種圃之採種

雖自然雜交率高 ， 然而採種時異品種間之隔離距離至少 500～1,000 公尺。採種栽培分為移植採種法與直播採種法兩種。前者在 9 月下旬播種，12 月底前選拔優良植株移植，移植方法同原種之採種栽培，至春暖長日時抽苔開花。另直播採種栽培在早春栽培。直播採種栽培雖然栽培只需 5 個月，但單位面積採種量少於移植採種栽培。

㈢一代雜種之採種

由於花器構造細微，人工去雄不便，因此利用自交不親和特性，以自然雜交方法採種。即將甲、乙兩種優良組合品種或品系，隔行栽植，任昆蟲自然媒介授粉，所採集之甲、乙兩品種皆為一代雜種。但有時仍有自交種子出現，配合植株性狀特殊的標記因子，可以在幼苗期間拔，但目前商業採種上仍不實用。

另外在胡蘿蔔由於有雄不稔性品種之育成，且其親本之維持，也早已經研究完成（圖 7–8）。以雄不稔性株作為母本種三行，以雄可稔性株為父本種一行，任其自然蟲媒授粉，母本上所採的種子即為一代雜種，且可保證 100% 為一代雜交種子。

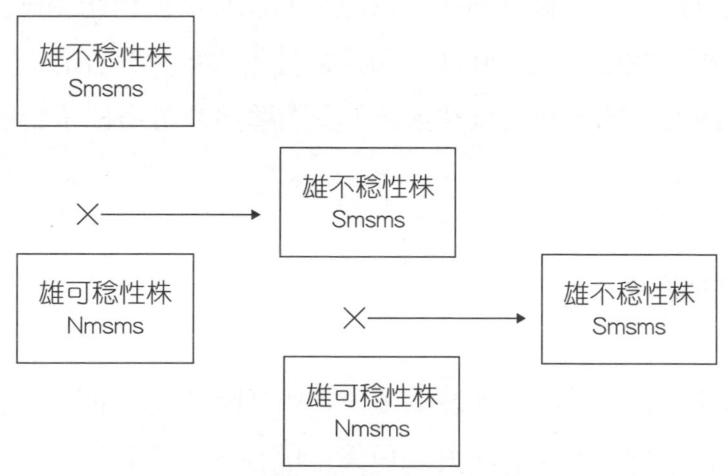

▶ 圖 7–8　胡蘿蔔採種：雄不稔性親本之維持

因花期不一致，種子成熟度無法整齊。胡蘿蔔種子的採收是依花輪為採收單位，花輪上有少許種果變淡黃色且易脫落時為採收適期。而芹菜是一次採收種子。大體上在先開花的種實呈深黃色，中期開花者呈淡黃色，晚開花者呈青黃色時為採收適期。

採回之種果平放於曬場，經 4、5 天陽光曝曬，稍加敲打，大部分種子即可脫落。脫粒之種子經過篩、風選即可除去雜質。不過胡蘿蔔種子上有毛，播種時不易均勻地播種，因此商業販賣之種子，必需再經脫毛手續才能得到清淨光滑之無毛種子。

◆第七節　蔥科蔬菜之種苗生產◆

蔥科蔬菜曾屬於百合科或石蒜科，1972年，J. G. Agardh認為蔥屬外有佛焰苞與石蒜科特徵相同，且為子房上位又與百合科特徵相同，應獨立成一科，較為適當，故命名為蔥科。蔥科蔬菜除洋蔥外，其餘國外甚少栽培。而且除洋蔥和韭菜外，大部分充作香辛調味用蔬菜。蔥科蔬菜大部分適於無性繁殖，少數種類亦可用種子繁殖（表7–6）。

一、有性繁殖

蔥科植物中，洋蔥和大蔥以種子繁殖（圖7–9），而分櫱強之韭菜和葉蔥之分蔥群，如冬蔥、九條蔥等，因種子繁殖時間長，手續繁，雖也可用有性繁殖，但實際上很少用。

在有性繁殖中又可分成固定品種之採種和一代雜種之採種。

㈠固定品種之採種

選拔優良植株，隔離栽培，安全距離在500公尺以上，或以網室隔離栽培，或在抽苔時套袋，使其同株異花授粉以保持純正的種子。

▶ 表 7–6 蔥科蔬菜之主要繁殖法

普通名稱	別名	學名	主要繁殖方法
大蔥	蔥	*Allium fistulosum* L.	種子繁殖
絲蔥	麥蔥、香蔥	*Allium ledebourianum* Schult.f.	分株繁殖
細香蔥	四季蔥	*Allium schoenopeasum* L.	分株繁殖
韭蔥		*Allium porrum* L.	分株繁殖
韭菜	韭	*Allium odorum* L.	分株繁殖
洋蔥	玉蔥、蔥頭	*Allium cepa* L.	種子繁殖
胡蔥	分蔥	*Allium ascalonicum* L.	分株繁殖
薤	蕎頭	*Allium bakeri* Regel	分株繁殖
大蒜	蒜頭	*Allium sativum* L.	蒜瓣繁殖（小鱗莖分球）
小蒜	小大蒜	*Allium scorodoprasum* L.	蒜瓣繁殖（小鱗莖分球）

(二)一代雜種之採種

可以利用雄不稔性之營養系為母本，其他可稔性品種為父本，以 4:2 比例間行栽植，經自然昆蟲媒介授粉，可得 100% 之一代雜交種子。另外也可利用細胞質雄不稔性植株為母本，其餘田間之栽植管理方法和營養系一代雜種的採種法完全相同。而細胞質雄不稔性株之維持，與前一節胡蘿蔔雄不稔性株之維持相同。

蔥科蔬菜平地栽培多在冬季抽苔開花，花莖直立又高，花序很大，雖培土仍不能防止倒伏。宜用小竹竿支撐。在花球上的種子有 60～70% 成熟變黑，在球頂部 20% 開裂時，即可採收。因抽苔時間不同，每隔一週採收一次。採收後的花球，經陰乾數天追熟後，行陽乾 2～3 天。再敲打蒴果、篩去雜質。亦可用水選法，撈出下沈的種子再曬乾至含水 10% 為止。種子的壽命約一年。

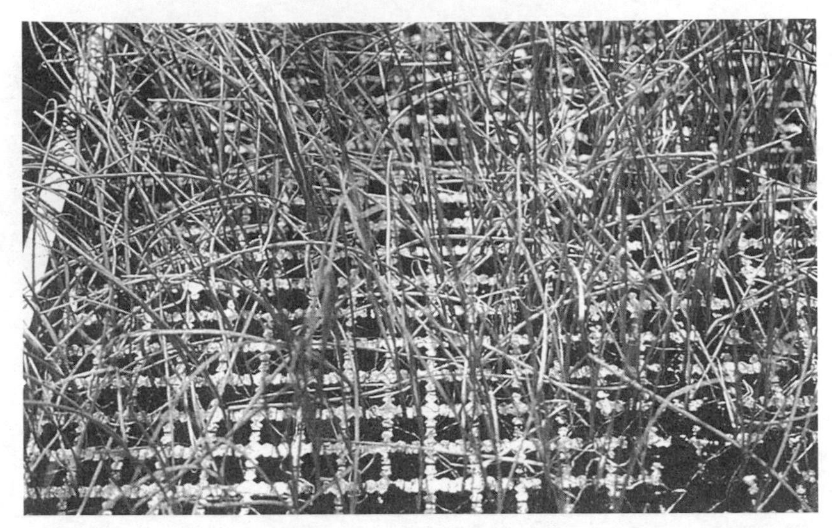

▶圖 7–9　洋蔥苗穴盤育苗。

二、蔥科蔬菜之無性繁殖

㈠蒜瓣繁殖法

蔥科蔬菜中，大蒜與小蒜花常為不孕性，但花序中小花間會長珠芽，可供繁殖用，但主要繁殖方法是利用鱗莖之蒜瓣繁殖。

大蒜原種種蒜之繁殖，是採每個蒜球為單位，比較容易鑑別品種之優劣和抗病性。每個選出的蒜球剝離後，去除形狀不整或太小的蒜瓣，然後種植。第一個蒜球之蒜瓣種完後，依序接種第二個……。在生育期間嚴格檢查植株淘汰劣株，成熟後供作採種圃之種蒜。

採種圃之經營程序上與一般栽培相同，但在蒜瓣的分級上較嚴格；除畸形、裂瓣或不正常球不能種植外，過大或過小之蒜瓣也一概剔除。通常作為採種圃之種蒜，以每瓣 4 公克左右者為宜。硬骨大蒜品種在臺灣南部常利用低溫期採種，即 10 月下旬下種，3 月下旬採收。採收後蒜球必須乾燥以免腐爛。蒜球之乾燥率，約為鮮重之 76%。

㈡分株繁殖法

葉蔥中之麥蔥、冬蔥，由於無性繁殖（分株），比有性種子繁殖簡便，非必要時，絕對不做有性採種。同樣的情形韭菜之有性繁殖，收籽一年，時間長達二年，且手續繁雜成本很高，加上韭菜分櫱量多，因此也常採用分株繁殖。還有分蔥和薤頭也不宜有性採種繁殖，僅用分離鱗球的方法繁殖。

分株繁殖時，首先從二、三年生之優良品種栽培圃中進行選拔，淘汰異型株及不合標準株。其餘植株挖起，剪除過長的老根，切去一半葉片，然後分成單枝或二枝一叢，即可栽殖。鱗莖肥大成鱗球者，則選拔鱗莖堅實粗大，色澤良好、多分球之植株作為種球，然後在生長期中，加以嚴格選拔，收穫之鱗莖分別貯藏，可供次年栽培之需。

◆第八節　禾本科蔬菜之種苗生產◆

禾本科重要的蔬菜種類有甜玉米、竹筍以及茭白筍，其中甜玉米之種苗生產，以生產一代雜交種子為主，而竹筍和茭白筍，在正常狀況下不開花，因此都以無性繁殖。

一、甜玉米一代雜交種子生產

玉米為風媒花且常表現嚴重的近交衰退與高度的雜種優勢，因此種子生產以一代雜交種子為主。雜交種子的生產可分為單雜交種子、雙雜交種子、三系雜交種子與三重雜交種子。不同雜交方法，牽涉到自交不親和的類型而定。自交不親和作物，應先用自交方法繁衍並純化親本，再經試交，測驗親本之間的組合力，選出能夠互相雜交，又能表現卓越雜種優勢的自交不親和系統，才能進行雜交，在隔離的環境下，大量生產純正的一代雜交種子。

例如臺南 13 號甜玉米即是從夏威夷甜玉米 (USDA 34) 自交系與抗煤紋病自交系經組合力檢定選出的組合，雜交生產的種子。又如臺南 15 號甜玉米，則是由美國甜玉米之 442 Sh2、H.S.8 Sh2 以及 Comp 2J-4 的三系雜交種子。

二、竹筍種苗之無性繁殖

竹筍是從竹子地下莖上的芽所發育成的嫩莖，嫩莖抽出地面，節間伸長是為竹。和一般具地下莖的作物相同，利用地下莖繁殖，是非常簡便的方法。可以選取 1～2 年生之地下莖（又稱竹鞭），剪成 60 公分左右長，埋入土中覆土 10 公分深，其上再覆以稻草或枯葉以防乾燥，待新竹長出，即是成活。另外也可分割地下莖，但地上部需具有去年生的幼竹，且竹竿之下節位生有小枝者，其操作方法就如一般的分株繁殖。

在臺灣高溫多溼的夏季也可以利用枝插。枝插可利用小枝插，即利用竹竿節位所長出的小側枝扦插。取插穗時，直接撕扯下側枝，使側枝基部帶有竹竿之外皮，其餘扦插之操作，就如一般作物之扦插。另一種是利用竹竿，取去年 7～8 月間發育竹竿之中段，每三節為一段。和一般枝插管理相同，但因竹子蒸散速率大，因此除了一般的澆水外，必須在芽位上下鑽孔，並注水，扦插期間經常保持竹筒中有水分。

三、茭白種苗之無性繁殖

茭白是一種水生蔬菜，可以直接將高度 40 公分的莖分株定植，也可以先行培育種苗再移植。育苗方法可分為整根育苗和碎根育苗兩種。而一般在每年 1～3 月間育苗。

㈠整根育苗

選拔優良的母株，將整個根掘起後，上下倒轉栽植。

㈡碎根育苗

將選出的優良母株掘起，分離成單株後，平壓在苗床地表下。

◆第九節　其他蔬菜之種苗生產◆

除了上述各科蔬菜以外，臺灣重要蔬菜中還有屬於藜科之菠菜，和屬於薔薇科之草莓。前者為一年生葉菜類，以種子繁殖；後者為多年生宿根草，除育種外，大部分以無性繁殖。

一、菠菜之有性繁殖

㈠採種栽培之特性

菠菜為雌雄異株，且為風媒花。隔離栽培要有 1,000 公尺以上的距離。但因在幼苗時期，雌雄株不易識別，增加了採種上的不方便。

在開花生理上，菠菜屬於長日植物，故秋播菠菜，在冬春兩季不見抽苔，必須等到春末夏初，長日照才開始抽苔開花。另菠菜也是種子春化型的作物。種子吸水發芽至 1 公厘長時，以 2～5 °C 冷藏 20～25 日，可提早抽苔開花。

㈡採種種類

採種可分為固定品種採種與一代雜種之採種。

1. 固定品種原種之採種：原種採種都必須套袋隔離，每 5 雌株和 1 雄株套於一網袋中，任其風媒。不過因性別難於鑑別，若套袋內沒有雄株，可以採雄株花莖插於瓶中，共置網袋中亦可，每 5 天換一次花莖，即可維持授粉。
2. 固定品種採種圃之採種：異品種隔離的距離在 1,000 公尺以上。把所選的原種以一定行距條播，陸續間拔使植株成一定株距。但同時也必須注意雌株雄株的比例。在同一行內以 3 雌株配 1 雄株為合適。若不間拔性比率為 1:1，種子產量較少。雄株發育較瘦弱，且雄株比雌株早抽苔 15 天以上。因此可以在雌株抽苔前分批拔除雄株，並加施追肥，促使雌株或未拔除的雄株生長旺盛，提高種子產量。
3. 一代雜種之採種：菠菜分為東方系與西方系兩系統，而東方系×

西方系有顯著的雜種優勢，採種量亦多。因此這種雜交採種頗為盛行。

生產東方系×西方系之一代雜種時，作為雄親的西方系統應延遲播種 15～20 天。雌株與雄株比例為 10:1。田間之雌雄株則在抽苔時一併間拔。在盛花後雄株已無用處，可先割除，以增加雌株生長的空間。

待種粒八分黃熟，而莖葉尚未枯萎時，可齊地割取曝曬。待外殼乾燥後敲打脫粒，篩去雜質後再曝曬數日，使含水量降低至 10% 為止。

二、草莓之無性繁殖

草莓是多年生草本植物，其繁殖方法與多年生宿根草的繁殖方法（第八章）相同；即以生長點培養方法生產無病毒健康種苗，做為原原種。然後由原原種培養出許多營養芽做插穗，培育商業栽培所需之種苗。

(一)利用生長點培養培育無病毒種苗

生長點培養除了可能獲得無病毒苗以外，還具有下列優點。(1)種苗生產沒有季節性，(2)可以確保種苗，不再受感染，(3)繁殖空間小，可以大量生產種苗，(4)所生產的種苗具幼年性，容易發根。

首先自田間採取健康、高產，性狀優良的母株，取其走蔓上的生長點培養。無菌狀態下大量繁殖後，移出瓶外培養。待植株生長到 5～7 片葉時，使用歐洲原產的野草莓 *Fragaria vesca* 為指示植物行葉片嫁接，以檢定所繁殖的小苗是否感染病毒。嫁接後 3～4 週，指示植物未顯示病毒感染病徵時，所生產的種苗即可留作原原種。

㈡原種之繁殖

原原種的草莓苗種植於土壤已經消毒的隔離網室中繁殖，成為原種。在冬季為了確保新苗能繼續生長，不斷發生走蔓，可以在保溫塑膠布溫室中培育，夜間並加以電照 3～4 小時。原種種苗大部分植於 3 寸盆中，植體具有 5～7 片葉，根數 30 條以上，根長 15 公分以上，不感染線蟲、蟎類、病毒和其他病蟲害者為健康種苗。

㈢高冷地之種苗生產

草莓之花芽分化，需在 12 小時以上日長，和 15～25 °C 涼溫條件下。在臺灣可以利用高冷地的涼溫培育種苗，於 9 月移至平地栽培，再配合電照，可以提早開花結果。且結果期也較長，因此栽培者都喜好在高冷地培育的草莓苗。採種圃種苗生產方法與原種之繁殖相同，親株栽植之行株距為 100 公分 × 50 公分，隨時整理走蔓分生的方向，使在一定面積中培育較多強健的子株（圖 7–10）。其他的管理還需適度的疏苗與摘除老葉，以改善通風，防止病害發生。

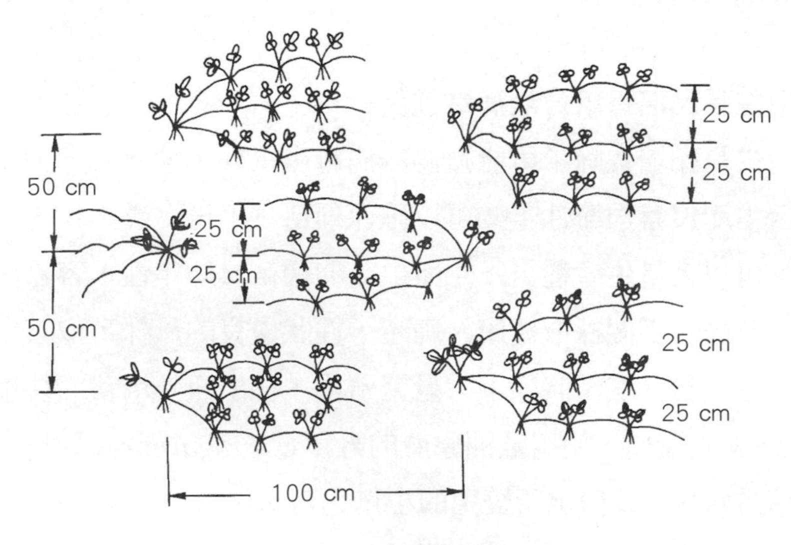

▶ 圖 7–10　採種圃草莓走蔓之整理。

習　題

1. 試述瓜類一代雜交種子的生產方法？
2. 如何育成無子西瓜？
3. 試比較瓜類嫁接各種根砧之優缺點？
4. 試述瓜類各種嫁接方法之操作方法？
5. 試比較番茄、甜椒以及茄子人工授粉方法之差異性？
6. 試比較番茄、甜椒以及茄子種子之調製方法？
7. 試述馬鈴薯原原種、原種以及採種圃之檢查標準？
8. 試述馬鈴薯的繁殖方法？
9. 試述十字花科蔬菜採種栽培之特性？
10. 試述十字花科蔬菜採種方法之種類？
11. 如何改進臺灣甘藍採種之方法？
12. 試繪圖說明十字花科蔬菜採種之流程？
13. 茼蒿與萵苣同為菊科之蔬菜，為何採種之安全距離相差很大？
14. 牛蒡之採種與萵苣之採種，栽培方法上有何不同？
15. 蝶形花科蔬菜採種，應特別注意何種開花反應？
16. 試比較菜豆、豇豆、豌豆以及蠶豆採種時，豆莢選留之位置？
17. 胡蘿蔔之雄不稔性親本植株如何維持？
18. 試比較胡蘿蔔和芹菜之種子採收適期？
19. 試述各種蔥科蔬菜之主要繁殖方法？
20. 禾本科蔬菜為何不能以嫁接繁殖？
21. 試述竹子之無性繁殖方法？
22. 試述茭白筍之繁殖方法？
23. 試述菠菜之一代雜交種子之採種方法？
24. 如何培育草莓之健康種苗？

實習 7–1　瓜類作物嫁接

一、目的：瓜類為草本植物，其嫁接方法略有不同，本實習在能熟習瓜類各種嫁接技術。

二、方法：1. 先以塑膠袋育苗方法培育砧木和接穗實生苗。

2. 以適齡之瓜苗練習各種嫁接方法。

實習 7–2　番茄一代雜交種子生產

一、目的：熟習蔬菜作物雜交種子之生產技術。

二、方法：1. 練習除雄技術並同時採集花粉。

2. 練習控制授粉操作技術。

3. 從完整之番茄果實中，洗出並精選種子。

實習 7–3　馬鈴薯種苗生產

一、目的：熟習馬鈴薯之扦插繁殖技術。

二、方法：1. 以馬鈴薯植株，採頂梢為插穗進行扦插。

2. 以馬鈴薯塊莖上萌發之嫩梢進行扦插。

實習 7–4　竹子之無性繁殖方法

一、目的：熟習竹子之分株和扦插繁殖技術。

二、方法：1.將竹子地上部截短後，將叢生的竹子分株（割）繁殖。

2.以竹鞭切段繁殖。

3.以竹子扦插繁殖，注意竹筒（中空節間）在扦插期間，補充水分之管理技術。

實習 7–5　草莓之分株繁殖

一、目的：熟習草莓之無性繁殖技術。

二、方法：1.採穗母株，走蔓之整枝管理。

2.走蔓上小植株扦插繁殖。

實習 7–6　草莓健康苗之生產

一、目的：熟習利用生長點培養，繁殖無病毒苗之生產技術。

二、方法：以草莓走蔓上的小植株，取其生長點進行培養。

第 8 章　觀賞植物種苗之生產

觀賞植物種類特別多，依實用分類法可分為：一、二年草、宿根草、球根植物、花木類、蘭科植物、仙人掌及多肉植物、棕櫚科植物、蕨類、竹類、食蟲植物、水生植物以及高山植物等。其中球根植物又細分為鱗莖、球莖、塊莖、塊根以及地下莖。植物繁殖方法與植物形態上有密切關係。因此觀賞植物種苗生產即依實用分類所分出各大類分項敘述之。又因作物種類太多，不能逐一說明，僅就各大類中選擇臺灣重要作物為例。

◆第一節　一、二年生草花◆

一、種子生產

一、二年生草花生活史短，大多以種子繁殖為主。種子體積小，重量輕，運輸方便，單價高，是很值得發展的種苗事業。臺灣嘉南地區曾經有蓬勃的花卉採種事業，然而大多只是接受外國委託的採種事業。近年來隨著土地日漸飆漲，勞力日漸缺乏，採種利潤越來越低。採種事業跌至谷底。目前除了少數生產一代雜交種子如金魚草，需要技術性工作較多者尚可維持外，已無花卉採種事業。臺灣若再要發展花卉採種事業，必須收集種原，致力於育種工作，使能夠育出屬於自己的品種，才能使花卉採種事業起死回生。因此僅以生產金魚草一代雜交種子 (F_1) 為例，說明一、二年草之種子生產。

先選出優良的雜交親本，依雄親比雌親為 2:5 的比例將雌雄母株栽培於塑膠布防雨棚之網室內。高性品種每株留二主枝，預計每枝結 15～20 個蒴果。高性品種應立支柱以防止倒伏。除了與一般施肥和噴藥等一般管理外，採種母株須隨時摘除腋芽，以避免腋芽生長消耗養分而影響採種量。

金魚草花期很長，為了調節花粉之供應量，常在雄親株高 15 公分時，將半數之雄親摘心處理以延緩開花期，作為後半期雌株開花時授粉之花粉源。而未摘心處理的植株則為前半期雌株開花時的花粉源。

在藥囊未開裂前採集花藥並置乾燥器中，以促使藥囊開裂收集花粉。由於花藥著生於花瓣上，將花瓣剝離即可同時去雄。去雄當日立即以預先收集的花粉授粉；為提高種子產量，翌日可再授粉一次。授粉後套袋並掛上標籤，標籤上記錄雌雄親本。待蒴果呈褐色時採收。經乾燥後，揉壓果實，種子即可自頂部裂孔脫落。最後去除雜質，精製成無雜質的種子。

二、種苗生產

在以前一、二年生草花都是由栽培者自行播種培育種苗，隨著經濟發展，每種產業分工越來越細。因此不管切花栽培或庭園布置，一、二年生草花苗都已有專業生產。臺灣草花苗生產分為兩種。一種是以供應造園用之草花苗為目的者；由於需要開花的大苗，因此生產者都是先育苗再移植到 PE 塑膠袋培養。主要產地在桃園市龜山區和彰化縣田尾鄉（圖 8-1）。另一種是專業生產花苗供切花栽培業者。這種生產多採用穴盤育苗，所生產的花苗種類有磯松、翠菊、金魚草，以及雞冠花等。

▶ 圖 8-1　龜山區草花塑膠袋育苗。

㈠雞冠花

羽毛雞冠是近年屏東地區冬季的重要切花作物。每年 10 月到翌年 4 月生產切花。由於此時為短日季節，而雞冠花為相對性短日植物，因此播種後即立刻進行長日處理，以避免植株高度未達切花標準，即已開花。種子發芽的適溫為 20～25 ℃，因此在冬季播種有加溫育苗的必要。播種使用肥沃鬆軟的介質。播種到發芽過程中，若遇強光或乾燥，則種苗發育不良。播種後 6～10 天發芽，3 週後本葉展開 2～3 枚，此時可間拔或移植。通常在本葉 6～7 枚時定植，亦即在計劃生產時，應在定植前 6 週進行播種育苗。

▶ 表 8-1 一、二年生草花種子發芽條件

名稱	發芽土壤適溫	明／暗處理	發芽日數
霍香薊	21～24 °C	明	7～10 日
香雪球	16～18 °C	—	5～8 日
雁來紅	24 °C	—	8～10 日
海角牛舌草	21 °C	—	8～10 日
翠菊	21 °C	—	8～10 日
鳳仙花	21 °C	明	8～10 日
觀賞羅勒	24 °C	明	7～10 日
荷苞花	18～21 °C	明	10～18 日
金盞花	21 °C	暗	7～10 日
香石竹	21 °C	—	8～10 日
雞冠花	24～27 °C	明	7～10 日
瓜葉菊	21 °C	明	10～14 日
大波斯菊	24 °C	—	5～7 日
金魚草	18～21 °C	明	14 日
勳章菊	15～17 °C	暗	10～14 日
千日紅	21～24 °C	明	10～14 日
萬壽菊	21～24 °C	—	5～8 日
金蓮花	18～21 °C	暗	10～14 日
牽牛花	21～24 °C	—	10～16 日
觀賞辣椒	21 °C	—	14～21 日
三色堇	18～21 °C	暗	8～15 日
矮牽牛	21～24 °C	明	7～12 日
爆竹紅	21～24 °C	明	10～14 日
美女櫻	18 °C	暗	12～18 日
百日草	24～27 °C	—	5～10 日

㈡金魚草

金魚草在溫暖地區栽培時為宿根草本，但臺灣平地夏季高溫多雨，所以以一年生秋播的方式栽培。是冬季到春季間重要的切花或花壇作物。雖也可以扦插繁殖，但大多以種子繁殖。種子非常細小，

且為好光性，故播種後不覆土。種子發芽初期，澆水宜特別小心。可用底部吸水方式供水。發芽適溫為 18～20 °C。夜溫在 20 °C 以上時，不只發芽率低，而且從播種到發芽的日數也較長。正常發芽日數為 10～14 天。高溫期播種容易發生立枯病，播種用的穴盤和介質必需經過消毒。種苗在 4～5 片葉時定植，即育苗應在定植前一個半月播種。

㈢翠菊

因花型與菊花相似且花色種類多，是臺灣冬季重要切花。通常在每年 8～9 月育苗。以種子繁殖，但種子不耐貯藏，宜用新鮮種子。在 21 °C 播種，約 8～10 天發芽。在本葉 4～5 片時定植。為了防治病害，種子可先用 1,000 倍液免賴得浸種。播種介質 pH 應調整在 6～7 範圍內，並進行消毒方可使用。

㈣磯松

屬於綠春化型植物。在本葉 6 片時期，對低溫感受性最大。以早生的早生藍 (Early Blue) 品種為例，必須經 15 °C 的低溫 30 日以上才能正常抽苔開花。因此臺灣磯松之促成栽培都利用高冷地育苗。又磯松為具主根型作物，高冷地育苗時，當本葉 2～3 片時，應立即移植於 2～3 寸盆，直到感應足夠低溫且平地氣溫也不高時，始可移到平地栽培。

◆第二節　宿根草花◆

宿根草花雖為多年生作物，然經濟栽培每年或每 2～3 年仍需更新，以維持植株的生長勢。宿根草花可以用實生繁殖、分株繁殖、扦插繁殖，以及微體等。然而除了以育種為目的是使用實生繁殖外，經濟生產大多以扦插繁殖育苗，而以微體繁殖為輔。因為扦插母株經長久栽培，若感染病原，再經代代相傳，病害將越來越嚴重，甚至無法正常生長。因此作為採插穗的母株，需要以生長點培養方法再配合熱處理及病毒檢驗，證明是無病原的植株後，再繁殖為採穗用的健康母株，如香石竹的種苗生產。另外有些作物母株經長期採穗後生長勢逐漸衰退，最後導至插穗不易發根。經微體繁殖後，可以恢復其幼年性，而促使插穗容易發根，如宿根滿天星。

一、菊花

除育種是以種子繁殖外，多利用頂芽扦插繁殖。採穗的母株應培養在長日（半夜電照 3～4 小時）環境下。為了維持生長勢，採穗母株每 6 個月，或每採穗 5 次後，即應予更新。

健康母株之培育，可利用生長點或小花蕾進行培養，然後利用各種檢疫方法除去病株，以健康植株大量繁殖得到原原種，並栽培於隔離的栽培區，以避免再感染病害。由原原種採穗扦插可得原種。最後由原種採穗扦插繁殖，大量供應商業栽培。彰化縣田尾鄉有專業種苗商生產扦插苗，四季供應花農所需（圖 8–2A、B）。

▶ 圖 8–2A　田尾鄉專業菊花苗生產：大量採集插穗，必要時可冷藏。

▶ 圖 8–2B　田尾鄉專業菊花苗生產：菊花在防雨棚下扦插，燈泡是扦插期間暗期中斷時使用。

扦插時選擇莖粗 0.3 公分以上，長約 4～6 公分，具有 4～6 片葉之頂梢為插穗，插穗基部處理發根劑後扦插於河砂或人工介質，經 10～15 天即可發根，供作種苗。

發根劑的配製法為：取 1 公克億力（殺菌劑）溶於 100 ml 水；另取 2 公克萘乙酸溶於 100 ml 95% 酒精，將二溶液倒入果汁機，並加入 1 公斤滑石粉，經攪拌均勻後，倒於平盤上陰乾即可。配製成的發根劑應放置陰涼處，且不宜貯存半年以上，以免藥效減弱。最適於插穗的環境是床溫 21 °C，氣溫 15.6 °C。冬季育苗應有保溫設施或加溫設備。

二、非洲菊

非洲菊是近年來新興切花作物之一，由於每 2～3 年切花母株必須更新，因此種苗的需求量非常大。可利用種子繁殖、分株繁殖、扦插繁殖以及微體繁殖等。

㈠種子繁殖

以 60% 珍珠石和 40% 泥炭土所混合的介質播種。播種時冠毛著生位置向上，垂直插入介質中，使種子恰好埋入介質中。發芽適溫為 20 °C。播種後 7～14 天發芽，約四週後植株有二片本葉時，可移植到 2.5 個盆子培養準備出售。種子繁殖多用於盆栽矮性非洲菊之育苗，或育種。

㈡分株繁殖

繁殖率低，常用於庭園用植株之繁殖。分株時先將植株掘起，從根莖之分叉處很容易可以分株。然老莖老根太多會影響分株後新根的再生，因此分株時若植株上老莖太長，可酌量切除老莖和老根。

㈢扦插繁殖

理論上每片葉片都有一個腋芽，但因頂端優勢的抑制作用，許多腋芽都呈休眠狀態。非洲菊冠狀的地下莖上應該有許多休眠的腋芽。將 2～3 年的健康的非洲菊植株掘起去葉片和泥土，並將根部剪至 10 公分左右 。 將整個冠狀根莖浸漬含甲苯胺 50～100 mg/l 的溶液 30～60 分鐘後，再將根莖置噴霧插床上，兩週後從根莖上萌發許多腋芽 ， 將 2 公分以上且具有 2 片展開葉的新梢切離 ， 基部處理 1,000 mg/l 濃度的吲哚丁酸粉劑後，扦插於噴霧插床，經 3～4 週後即可發根成苗。通常每塊根莖可切取 3 次腋芽，即在第 2、3、4 週時切取芽。這種繁殖方法之生產效率，最高約為分株繁殖法的 10 倍左右（圖 8–3A、B、C、D）。

▶ 圖 8–3A　非洲菊扦插繁殖：老株去葉，用甲苯胺促進發育多數腋芽。

▶ 圖 8–3B　非洲菊扦插繁殖：切取 2～4 公分大小腋芽扦插。

▶ 圖 8-3C　非洲菊扦插繁殖：腋芽發根。

▶ 圖 8-3D　非洲菊扦插繁殖：假植於 2 寸盆待售。

㈣微體繁殖

非洲菊目前切花所用的種苗，大部分都是利用微體繁殖方法所繁殖的。利用莖頂培養、花梗培養、小花蕾培養，以及盛花期的總花托培養，都可以得到無菌的芽體。芽體培養在含半量 MS 無機鹽類，再添加 5 mg/l 甲苯胺、0.1 mg/l 的吲哚乙酸、2% 蔗糖，並以 1% 洋菜粉固化的培養基。在光度 35 μmol/m^2/sec 和 27 °C 的環境下生長，每個月可增殖數倍。最後選擇 2 公分以上的芽體，基部經處理濃度為 1,000 mg/l 的吲哚丁酸粉劑後，扦插於噴霧扦插床，經 3～4 週即可移植上盆，準備出售。

三、宿根滿天星

宿根滿天星少數品種如 Double Snow Lake 等，可以利用種子繁殖，但臺灣切花用的品種 Bristol Fairy 不結種子，只能以無性繁殖方法繁殖。早期 Bristol Fairy 在美國佛羅里達地區曾以大花滿天星為砧木，進行嫁接繁殖，但因成本高已不再使用。目前宿根滿天星是以頂梢扦插的方法繁殖種苗。但宿根滿天星扦插也不容易發根，必須先利用組織培養方法培育採穗母株，再行扦插繁殖。

宿根滿天星扦插介質以珍珠石為宜，發根的適溫為 20 °C 左右。由於宿根滿天星在短日或低溫下植株會有簇生生長的生理現象，因此冬季生產種苗時，採穗母株和插穗發根時須注意保溫及長日處理，以避免植株進入簇生生長，而採不到插穗或影響到插穗的生長與發育（圖 8–4）。

▶ 圖 8–4　宿根滿天星扦插，以電照防止苗簇生化。

四、香石竹

花壇用的香石竹常以種子繁殖。切花用香石竹則以扦插繁殖。插穗的來源有三種：(1)切花栽培中的植株，所發育的側枝，在開花前採穗或在整理切花時採集。(2)提早結束採收切花，重新修剪植株後，新長出的側芽供作插穗。(3)專門培養採穗用母株，生產插穗。

臺灣香石竹種苗生產，插穗的來源為上述前二種方法。但因切花植株在栽培中易再感染病害，且病原潛伏期長，插穗易帶有病原，以致日後植株生長勢弱或發育不良。

專業種苗生產方法，應配合微體繁殖方法；先以生長點培養方法並配合熱處理以去除病原，然後用各種檢疫方法篩選出健康種苗。以所篩選出的健康植株為原原種，生產原種所需的插穗。切花用種苗生產所需插穗，則採自原種母株。當母株上側枝長到 4～5 節時，用手折取頂芽。每枝插穗具三對葉（圖 8–5），基部經處理濃度為 0.5% 的吲哚丁酸粉劑後，扦插在粗砂：細砂 (2:1) 混合成的介質或珍珠石與蛭石 (1:1) 混合成的無土介質。發根適溫為 20 °C。

▶ 圖 8–5　香石竹插穗，左邊為優良插穗，右邊為不良插穗。

◆ 第三節　球根花卉 ◆

多年生草本花卉中，有些作物的根、莖或葉等器官，會肥大形成貯藏養分的特殊形態，如球狀、塊狀，就稱為球根類。這類作物主要以無性繁殖為主。由於球根肥大的部分原本就是植物營養器官，因此不同形態的球根，利用其由根、莖或葉的變形部分，在營養繁殖上有很大的差異。

一、球莖類的唐菖蒲

唐菖蒲僅在改良品種時用種子繁殖。另外每一個球莖在栽培後會逐漸萎縮，但在新梢內側鞘葉 2 片和本葉 3～4 片之間的節間肥大形成新的球莖。在新的球底部產生許多球稱為小球莖 (cormel)（圖 8–6）。將這些小球莖栽培後，就會養成可開花的大球莖。小球莖是由原母球鞘葉節上的腋芽伸長後分枝，每分枝頂端肥大變成的。在短日環境下腋生枝分枝多，所得的小球莖也多。在長日環境下，小球莖產量少，但所得的小球莖較大。

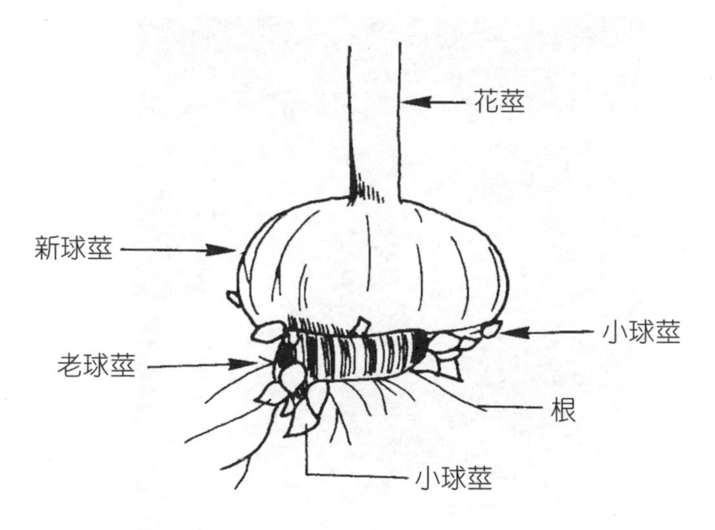

▶ 圖 8–6　唐菖蒲球莖採收時，小球莖形成的位置。

小球莖通常有 2 個月以上的休眠期，而且又有堅硬的外皮，若不預先處理，發芽率很低。小球莖打破休眠的方法有：⑴利用層積法。⑵利用冷水沖洗 1～2 天，再層積，可以促進打破休眠。⑶有些品種

（如「芭的麗雅」）的小球莖用 30% 的雙氧水溶液浸漬 3～12 小時，可以促進發芽。⑷在打破休眠後用 25～30 °C 高溫處理 3～4 週，可以去除種皮抑制作用促進小球莖發芽。

二、鱗莖類

㈠無皮鱗莖類的百合

百合除育種外都利用無性繁殖。百合的鱗莖經栽培後可以形成新的子球。有些種類尚可在地上莖上腋芽的位置形成珠芽（圖 8-7）。這些子球或珠芽都是自然形成的，可供繁殖用。

▶圖 8–7　百合的珠芽。

另外以人工繁殖的方法還有：利用地上莖段扦插或葉芽插，或者將地下鱗莖上的鱗片剝離之後，也可以當作扦插的插穗；由扦插的鱗片，可以直接形成小鱗莖，或呈簇生生長的植株，或長出地面為地上莖等三種形態。

㈡容易分生子鱗莖的有皮鱗莖類

有些有皮鱗莖作物，當鱗莖生長時，鱗莖除了主芽外許多腋芽也會同時生長。因此待鱗莖成熟採收後，會採收到許多大小不等的子球。例如晚香玉在冬季收穫時，每叢植株可收到 5～6 個較大的開花球和 10～30 個小球。中國水仙每次栽培可獲得 4～6 個子球。若直接將子球分離，即可得到相當的繁殖後代。

然而球根植物並非每個分離的子球都具商品價值。以中國水仙為例，水仙鱗莖的價格是以每個鱗莖中所含花莖數的多寡而定，而花莖數與鱗莖直徑大小有關，因此鱗莖類種球之繁殖，是要生產可以開花的大鱗莖為主要目的。中國福建省漳州地區所生產的水仙種球，球大如雙拳合抱，而且每個鱗莖可開 10 支花，是聞名世界的水仙種球生產。其生產技術中的「閹割」技術，主要原理是在水仙未栽植之前，將鱗莖內已開始發育的側芽挖除（圖 8–8），使養分集中於主芽，到翌年僅可收穫到一個較大的鱗莖（圖 8–9）。

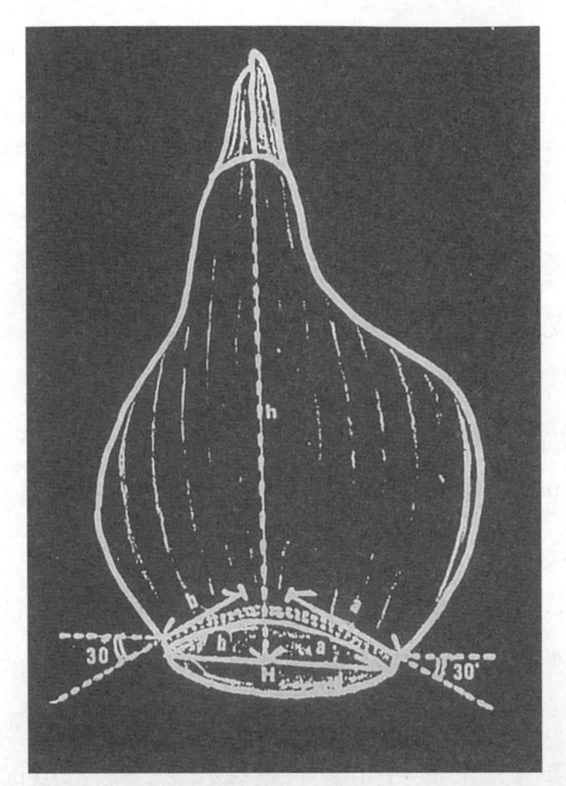

▶ 圖 8–8　易分球鱗莖之閹割方法示意圖，斜線為刀刺入位置。

▶ 圖 8–9　水仙閹割後，新球形成，右四球為被閹割的。

㈢不易分生子鱗莖的有皮鱗莖類

有些鱗莖如孤挺花、金花石蒜，以及風信子等，鱗莖經過栽培，在自然生長環境下，不易分生小鱗莖。因此必須依賴人工繁殖。常用的繁殖方法有切割法 (scoring)、去基盤法 (scooping)、雙鱗片繁殖法，以及微體繁殖法等。

1. 切割法：種植前先把鱗莖倒置，由鱗球底部向心部割切達半個鱗球的深度，依鱗球的大小，割切成 4～8 個等分（圖 8–10）。待傷口乾燥癒合後，再栽培於土壤中。經一季生長後，在傷口基部會產生許多小鱗莖。
2. 去基盤法：把鱗球倒置，然後用特殊彎刀將基盤（短縮莖部分）挖除，必須將鱗球的主芽完全破壞才有促進分球的效果（圖 8–10）。如同上法，必須待傷口癒合才能栽植。
3. 雙鱗片繁殖法：先將鱗莖分割成數等分後，以每兩片為一單位分別剝離，在傷口癒合後將每組雙鱗片扦插於溼潤的扦插介質中（砂或珍珠石或蛭石），經二個月後在每組鱗片之間可以發現新形成的小鱗莖（圖 8–11A、B）。
4. 微體繁殖法：微體繁殖並非只適於鱗莖類球根，但因鱗莖類球根植物容易進行表面消毒，而且傳統的鱗莖繁殖方法繁殖率較低，因此鱗莖類作物利用微體繁殖較其他球根類作物多。微體繁殖的培植體來源，較常被利用於培養的有葉片、花莖、花瓣、莖頂以及鱗片等（表 8–2）。

▶ 圖 8–10　不易分球鱗莖之繁殖法，左為切割法，右為去基盤法。

▶ 圖 8–11A　雙鱗片扦插繁殖。

▶ 圖 8–11B　由枯萎鱗片間形成新的小鱗莖。

▶ 表 8–2　球根花卉微體繁殖常用的培植體來源

球根種類	球根形態	培植體來源				
		鱗片	葉片	莖	芽	花瓣
百合	鱗狀鱗莖	+	+	+	+	+
鬱金香	層狀鱗莖	+	–	+	+	+
風信子	層狀鱗莖	+	+	+	+	+
水仙花	層狀鱗莖	+	+	+	–	–
孤挺花	層狀鱗莖	+	–	+	–	–
石蒜	層狀鱗莖	+	–	+	–	–
球根鳶尾	球莖	+	–	+	+	–
唐菖蒲	球莖	–	–	+	+	+

三、塊莖類

有些塊莖類花卉如仙客來等不易分生子球，用人工切割塊莖的繁殖方法，又容易使塊莖腐爛，因此塊莖類利用無性繁殖方法比較困難。這類塊莖花卉常用種子繁殖。為了使實生後代有較整齊的表現型，常利用第一代雜交種子 (F_1) 繁殖。

有些塊莖類花卉其塊莖容易切割而不腐爛，如彩葉芋等，則以分株繁殖法為主要繁殖方法。將母塊莖切割成以每 2 個芽為單位的小塊莖，經六週陰乾或人工乾燥癒合傷口後再栽植。

另外有些塊莖類花卉再生能力很強，如大岩桐、球根秋海棠等，也可以利用葉插或莖插的方法繁殖種苗。

四、地下莖類和塊根類

地下莖類和塊根類最常用分株繁殖方法。但是由於形態上地下莖類所分割的器官是莖，而且地下莖上常已具備有根，因此幾乎是任意分割，只要不腐爛，而且每段地下莖上都含有節（芽），都可繁殖成為一新的植株（圖 8-12）。

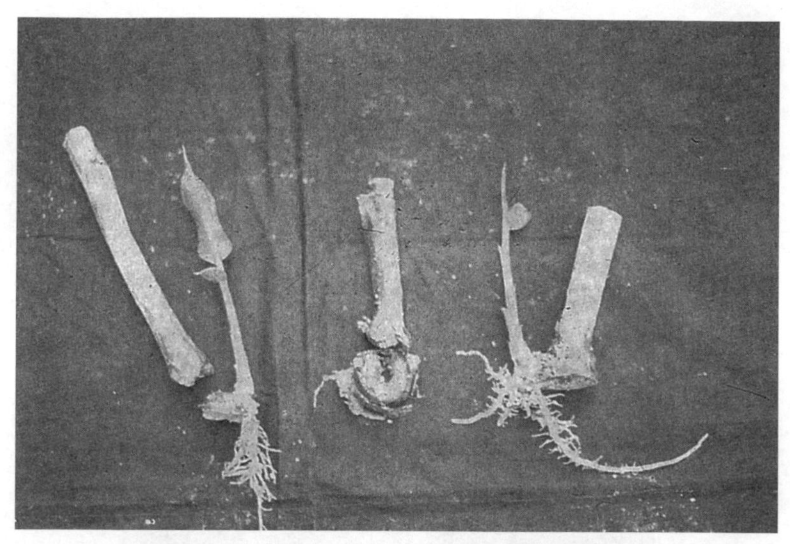

▶ 圖 8–12　地下莖類（薑花）之分割繁殖。

塊根類花卉，肥大的貯藏器官是根，有些再生分化能力較低的作物不會從根再分化芽。因此分割塊根並不能獲得具根、莖、葉三種器官的獨立植株。在利用分割繁殖法時，不管塊根的大小，每塊被分割的塊根都需帶有一塊老莖組織，從莖組織上可以再生芽而成為一完整植株，如大理花等（圖 8–13）。

塊根類花卉由於具有地上莖，除了用分株繁殖法外，也可以利用地上莖段行扦插繁殖。大部分地下莖類花卉，其地上部為葉鞘而缺少地上莖器官，因此不能利用地上部行扦插繁殖。但竹類作物除了可利用地下莖扦插外，也可以利用地上莖扦插。

另外有些塊根類作物，如大理花，容易開花結實，常以一、二年草的栽培方式，以播種法繁殖種苗。

▶ 圖 8–13　塊根類（大理花）之分割繁殖。

◆第四節　蘭花◆

蘭花為單子葉植物，雖種類繁多，形態各異，然繁殖方法卻大同小異。主要繁殖方法有：無菌播種、分株繁殖、扦插繁殖，以及微體繁殖等方法。

一、蘭花類的有性繁殖

最早利用無菌培養技術的花卉即是蘭花類的無菌播種。蘭花類種子細微。每一粒果莢中常含有 2,000 到 400,000 粒種子。由於種子構造簡單，僅含有未完全分化的胚（無胚芽、胚根的構造，也沒有胚乳）。在自然界必須依賴蘭菌的存在，才能共生發芽。一直到西元 1922 年，美國納得遜 (Knudson) 博士首先利用無菌操作技術，成功地將蘭花種子播種在含有無機鹽類、糖以及洋菜的人工培養基上。從此蘭花種子發芽不再依賴蘭菌，而能在人工培養基上發芽生長，不只使蘭花的育種工作突破育苗的瓶頸，蘭花種苗的經濟生產，也得到空前的進展。

無菌播種用的培養基常用 KC 配方（見第四章微體繁殖）。然而 KC 配方配製的手續較繁，而且蘭花的種類多，生長習性各異，每種蘭花有不同成分的培養基。因此日本的狩野教授以花寶肥料 (Hyponex) 為主要成分，發明了簡便的蘭花播種用配方，又稱之為京都配方（表 8–3），在蘭花種苗生產上用途很廣。

▶ 表 8–3　蘭花播種用「京都」配方成分（每公升含量）

適用蘭花種類	花寶種類	蔗糖	條狀洋菜	其他成分
嘉德麗蘭	3 克（1 號）	35 克	15 克	——
石斛蘭、萬代蘭	3 克（1 號）	20 克	15 克	100～200 毫升蘋果汁
	3 克（1 號）	35 克	15 克	2 克 Bacto-tryptone
	3 克（2 號）	20 克	15 克	2 克 Bacto-tryptone

蘭花播種是在無菌環境下操作。蘭花種子可以用 10 倍液的漂白水消毒 10～15 分鐘或用由 10 克漂白粉加水 140 ml 所過濾出來的溶液消毒 10～15 分鐘，再用預經高壓滅菌的蒸餾水沖洗 3～5 次，最後播

種在配製好的培養基上。經過 30 天以上，種子肥大轉白，然後變成綠色的球狀體，稱之為芽球 (protocorm)，再由芽球分化成芽和根群。一般蘭花在播種 3 個月後，需經一次中間移植，即更換新鮮的培養基；然後再培養 4～6 個月，即可移出瓶外栽培。為了提高成活率，移出瓶外之前，先經過 1～2 週的馴化處理。

二、蘭花類的無性繁殖

蘭花類之分株繁殖是最簡單而常用的繁殖方法，只可惜繁殖率太低。凡屬於複軸類的蘭花，如嘉德麗蘭、喜姆比蘭等，最適於用分株繁殖法。操作時，只需將兩相鄰偽球莖間的地下莖切割，即完成繁殖工作。為了防止切口感染病菌，常在切口處塗抹硫磺粉或大生粉。分株後切忌立即澆水。此外切割的工具，在每次切割前也必需以酒精液或火焰消毒。

另外有些蘭類，如石斛蘭、一葉蘭等，在莖上常會長出新的枝梢，在這些新梢的基部還會長根。取下這些發根的新梢，即可得到新的植株。

然而有些單莖蘭類，如蝴蝶蘭，在自然環境下，腋芽不會萌發，必須將莖頂生長點破壞，打破頂端優勢後，基部的腋芽才會萌發。這種破壞莖頂生長點的方法，母株容易感染病害。

蝴蝶蘭在開花之後，剪去開過花的花梗，留下未開花的花梗，然後用含 1% 甲苯胺的羊毛脂膏塗抹在花梗腋芽的位置，可以促使花梗上腋芽發育成為新的植株。

扦插繁殖法，也適用於有些蘭花繁殖，如石斛蘭；將莖段每 2～3 節剪成一段，再以如一般木本植物的枝插法扦插。也可以將莖段橫放，再用水苔固定於蛇木板上。又如文心蘭，可以將老的偽球莖切下，置於陰涼處，偽球莖上的腋芽，也可以萌發發育成小苗（圖 8–14）。

▶ 圖 8–14　文心蘭分離開的老偽球莖，長出新的芽體。

三、蘭花類之微體繁殖

西元 1960 年，法國莫瑞爾博士 (G. M. Morèl) 在利用無菌培養技術研究蕙蘭屬毒素轉移時，無意中發現喜姆比蘭切下來培養的生長點，不僅可獲得無病毒幼苗，而且在切下來的生長點上，還長出了許多芽球狀體 (protocorm like body)，簡稱為 PLB。PLB 再經培養可以繼續不斷增殖。當 PLB 不需要再增殖時，只需改變培養基中植物生長調節物質，每個 PLB 都可以發育成完整的植株。由這種方法所繁殖的種苗稱為分生苗 (mericlone)。嘉德麗蘭、喜姆比蘭、石斛蘭、蝴蝶蘭以及萬代蘭屬的蘭花，都能利用經由 PLB 大量生產分裂組織營養系的種苗。玆將操作方法簡述於下：

㈠嘉德麗蘭

取 5～10 公分的新芽，切取約 1～3 mm 大小的莖頂，培養於 RM 液體培養基中（表 8–4），置迴轉盤上，以每分鐘 1 轉的速度迴旋培養。3 週後移至添加有 1 mg/l 的 kinetin 與 100 mg/l 的肌醇 (inositol) 的固體培養基。再經 3 週後，培植體即可產生 1～3 個 PLB，這些 PLB 都可分化成苗，若需再增殖，則可將 PLB 剖半後繼續培養。

㈡喜姆比蘭

同樣以切取生長點的方法，培養在 KC 配方（見第四章），兩個月內可形成 PLB。在 PLB 轉綠並產生假根與葉原時，應及時將 PLB 切割移入新培養基，可產生新的 PLB，否則 PLB 將形成幼苗。

㈢石斛蘭

從約 5 cm 長的新芽，切取 2～3 mm 的莖頂，培養於液體的 VW 配方（見第四章），經振盪培養（每分振動 160 次），3 個月可形成 PLB，若停止振盪則 PLB 可分化成苗。

㈣蝴蝶蘭

初代培養，常以具 6～7 片葉時的小苗，切取 2～3 mm 大小的莖頂，或先以無菌培養方法培養花梗上的腋芽，待腋芽形成小苗後，再取其葉片培養。先在液態 VW 配方中振盪培養一個月後，再移到固體培養基培養 3～5 個月，即可形成小苗。若經常在新鮮的不含糖的固態 VW 配方培養，則會促進新的 PLB。

㈤萬代蘭

可用莖頂、根端或腋芽培養。腋芽經在固態 VW 配方培養基中培養 45 天，約有 63% 組織形成半圓球狀。若繼續培養可得 1 新植株。但若需增殖則宜用液態 VW 配方振盪培養。

▶ 表 8–4　Reinert & Mohr (RM) 培養基成分表

	化學藥劑名稱	每公升含量（mg/ℓ）
大量元素	$(NH_4)_2SO_4$	400
	$Ca(NO_3)_2 \cdot 4H_2O$	1,000
	KCl	500
	KH_2PO_4	250
	$MgSO_4 \cdot 7H_2O$	400
微量元素	$MnSO_4 \cdot 4H_2O$	7.5
	H_3BO_3	0.03
	$ZnSO_4 \cdot 7H_2O$	0.03
	$CuSO_4 \cdot 5H_2O$	0.001
鐵離子	$Fe_2(SO_4)_3$	10.70
	Na_2 EDTA	22.40
	Citric Acid	150
有機化合物	Thiamine HCl（維生素 B_1）	0.1
	Niacin	0.5
	Pyridoxin HCl（維生素 B_6）	0.5
	Glycine	2
	myo-inositol（肌醇）	100
植物生長調節劑	IBA	1.75
	NAA	1.75
	Kinetin	1
碳源	蔗糖	15,000～30,000
	洋菜粉	6,000

◆第五節　花木類◆

花木類依其外形可再細分為喬木、灌木、和蔓性植物。

一、喬木

喬木只有一主幹，因此不可能用分株繁殖法。所有側枝在相當高度後才分枝，壓條繁殖在操作上比較困難。至於扦插繁殖則視植物的再生能力而定；例如榕樹很容易扦插成活，反之像銀葉桉，不易扦插成活，因此主要繁殖方法為實生繁殖。另外有些喬木，其插穗之發根與插穗之生物學上的年齡有密切的關係（見第三章第四節第一小節），幼年性強的枝條，才能當作插穗，因此將喬木強剪，誘使樹幹基部的腋芽（或不定芽）萌發，以作為插穗。

另外喬木常有所謂的「位置成長」(topophysis)，即枝條在母株上的位置會影響以後所繁殖成的植株之生長習性，尤其是針葉樹種，「位置成長」效應的影響非常顯著，因此利用無性繁殖時，若以側枝做插穗，則所繁殖成的植株，將永遠側向生長，不能正常直立生長。

一般實生苗有主根，根系較深，因此樹木的固持作用強。反之營養繁殖的植株根系淺，固持作用不及實生苗。而喬木樹體高大招風，必須倚賴強大的根群，才不易倒伏。因此喬木類作物雖然有些可以無性繁殖，但實際上仍以實生繁殖較為普遍。尤其是針葉樹，或者容易開花、結實的花木，如鳳凰木等。

二、灌木

臺灣許多灌木花卉當作切花作物 （如玫瑰花）、或盆栽花卉使用（如聖誕紅、杜鵑）；每年需要的種苗數量相當大。又由於品種多，遺傳質複雜，實生後代之植株特性不整齊，因此除了以育種為目的，或實生砧木的性狀整齊度尚可接受者以外，很少利用實生繁殖。大部分灌木作物種苗都利用無性繁殖。以玫瑰為例，每一種無性繁殖方法，如分株、壓條、扦插、嫁接、以及微體繁殖，皆適用於玫瑰種苗繁殖。然而種苗生產除了考慮是否成活和苗木的品質外，商業生產更應考慮生產成本，即生產效率。因此 1960 年代以來，臺灣玫瑰經濟栽培之種苗，以高壓苗為主。而國外則以芽接苗為主流。近年來，由於工資高漲，為了降低種苗生產成本，荷蘭和以色列則以先嫁接再扦插的方法生產種苗，以節省先培育砧木所需要的成本。近年來因為玫瑰栽培採用岩棉培養液栽培生產切花，因此玫瑰種苗生產，也有以葉芽插的方法直接扦插於岩棉的種苗生產方法。

玫瑰的接插繁殖是結合嫁接與綠枝扦插技術的繁殖方法。在嫁接技術上可利用切接、舌接、鞍接、腹接、以及芽接等技術；而在扦插技術上，由於是綠枝插技術，因此接插苗必須帶有葉片，除了腹接方法是砧木留葉片外，通常是接穗留有葉片。葉片是接插苗發根所需能源的製造工廠，除了嫁接技術會影響接插苗的成活外，接穗（或砧木）留有發育充實的葉片也是決定接插苗成活與否的另一個關鍵。接插苗若砧木與接穗的親和性強，則容易發根，因此接插繁殖方法也是篩選砧木是否具穗砧間親和性之方法（參見第三章圖 3–21，3–22，3–23，3–24）。

玫瑰為灌木，然而在造園用途上常有將灌木喬木化的栽培方式，因此就有所謂「樹玫瑰」的植物（圖 8–15）。樹玫瑰的繁苗生產也是結合扦插與嫁接兩種技術，但卻是先扦插砧木，並培養砧木使枝條到達所需的高度以後，再利用芽接的方法，將接穗嫁接在枝幹頂部。砧木的枝條即為樹玫瑰的樹幹，而接芽成活發育成樹玫瑰的樹冠部。為了使樹冠形狀較完整，通常在樹頂兩側同時各接一個芽穗。

▶ 圖 8–15　由嫁接技術繁殖的樹玫瑰植株。

三、蔓性植物

蔓性植物最大的特徵，就是有很長的枝條；換句話說，蔓性植物有許多可供營養繁殖的器官，因此蔓性植物最常用的繁殖方法有壓條法和扦插法。

扦插法和喬木類或灌木類扦插繁殖的操作方法相似。但是由於蔓性植物枝條常有橫向生長和下垂生長，因此葉片生長的方位，常與一般枝條向上生長的葉片方位不同。在扦插時應注意植物生長的極性，亦即腋芽一定在葉片的上方，才不至於有倒插的情形發生。

不易扦插成活的蔓性花卉，仍以壓條繁殖。為了提高繁殖效率，大部分壓條方法都採用空中壓條法。在進行空中壓條時，枝條先環狀剝皮。但由於蔓性枝條長，因此在同一枝條上常做許多環狀剝皮。在操作時，經常因施力不當，枝條從環狀剝皮的切口折斷，為了避免因折斷造成的損失，在剝皮的次序是由上而下，而另一方面在包紮水苔包時，操作的方向則是由下而上。

另外有一種改良式的空中壓條法，是將枝條斜剖，然後在剖開的傷口，塞入小團的水苔，防止傷口重新接合，最後再包上水苔（圖 8-16）。改良式的空中壓條，由於枝條有一半未受傷，因此不會像環狀剝皮的操作方法，很容易折斷枝條；而且由於不是剝皮，因此對不易剝皮、或已進入休眠的蔓性花木（不易剝皮），仍可進行空中壓條。臺灣九重葛的主要繁殖方法，就是在冬季以改良式的空中壓條法為主。雖然從這種空中壓條法，苗木發根所需時間較長，但由於操作容易，不會折損。冬季許多蔓性花木常用這種繁殖方法，白色的水苔包，配上紅色包紮繩，遠看有如植物在開花，這也是臺灣冬季苗圃常見的特殊景觀。

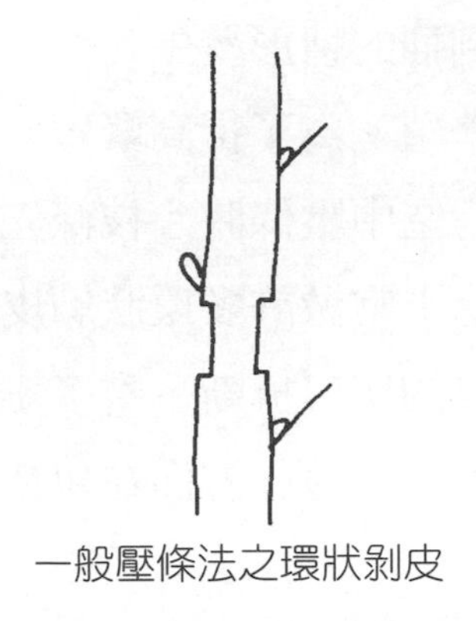

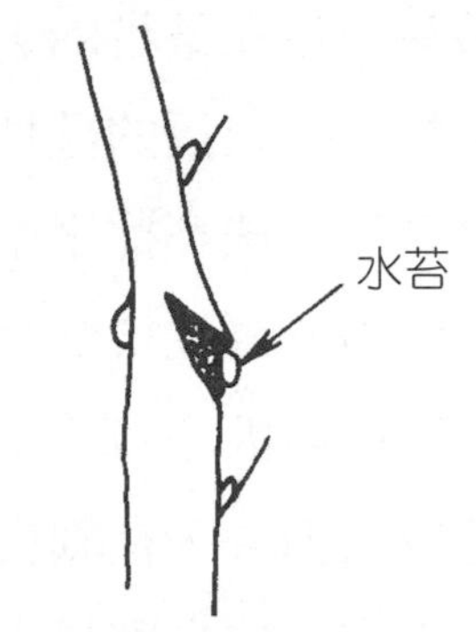

改良式壓條法不行環狀剝皮，僅割開枝幹，切口塞以水苔，避免包紮後，傷口重新接合

▶ 圖 8–16　一般壓條法之環狀剝皮和改良式壓條法之枝條刻傷處理比較。

◆第六節　多肉植物與仙人掌◆

大部分室內觀賞的多肉植物都分屬於下列七科：即景天科、大戟科、百合科、龍舌蘭科、蘿藦科、菊科以及番杏科。多肉植物與仙人掌科的植物因具有肥厚多汁的葉或莖而得名。其繁殖方法有有性繁殖以及分株、扦插和嫁接等無性繁殖法。

一、有性繁殖法

一般多肉植物和仙人掌果實成熟時呈暗色，且非常柔弱，因此從漿果中洗出種子時，要防止操作時傷害種子，尤其是有黏液的作物種子，種子更應洗淨。種子發芽適溫在 26.5 °C 以上，即在春末或夏初進行播種。播種用介質，多為排水良好的培養介質。例如以一份普通盆栽的培養土，混合 2 份的粗砂，調製成播種用培養土。另外，為了利於排水，播種盆盆底常先鋪一層粗石礫。

完成播種後，再覆上一薄層的砂。最後盆上覆蓋玻璃。陽光太強時，常在玻璃上加一層厚紙遮光。水分的供給由底部供應（圖 8–17）。當種子發芽後，可漸打開玻璃，讓小苗馴化（圖 8–18）。多肉植物的幼苗生長非常緩慢，從種子發芽到可移植的大小，常需要半年以上的時間。

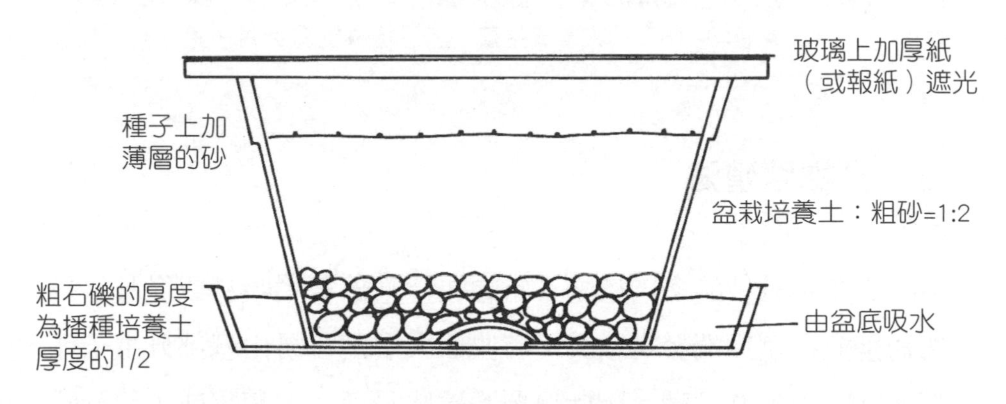

▶圖 8–17　仙人掌或多肉植物實生繁殖方法。

▶圖 8–18　仙人掌實生苗。注意植株上有 2 片子葉。

二、分株繁殖法

許多不分枝的多肉植物，常會在莖基部著生吸芽或從基部長出短匍匐莖並在莖頂端發育新櫱。有些仙人掌則容易由基部分生子球，如花盛丸、短毛丸品種。因此只要將這些吸芽、匍匐莖或子球分離，即可得到一些新的植株。在分離時，如果有用刀具割離時，注意務必使傷口風乾 2～3 天後方可栽植，以免腐爛。為了促進仙人掌分生子球的能力提高，常以人工將仙人掌的莖頂去頂。如一般牡丹類仙人掌即可先去頂，促進形成新子球，經分割而且傷口已癒合，再栽植並且澆水。

三、扦插繁殖法

多肉植物可以利用自然的分枝作為插穗進行枝插；也可以利用肉

質的葉片進行葉插，如景天科的植物；仙人掌科的植物，葉片常已退化成刺，莖則成柱狀、球狀、或葉狀，都可以作為扦插的材料（圖 8-19）。由於這些器官都是肉質多汁，很容易腐爛，因此凡是用刀切取的插穗，務必使切口風乾，插穗越大，傷口越大，所需的風乾時間越久（圖 8-20）。

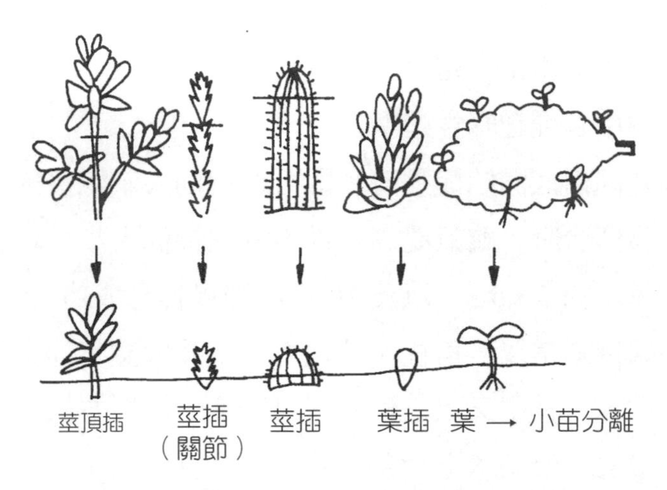

▶ 圖 8–19　多肉植物和仙人掌各種插穗的來源。

▶ 圖 8–20　風乾切口中的仙人掌進口大插穗。

四、仙人掌嫁接繁殖法

實生仙人掌幼苗期生長非常緩慢，例如大什加羅 (Giant Saguaro) 仙人掌二年生的苗也僅 0.5 公分高左右。因此可以利用嫁接促進生長。另外有些彩色的仙人掌芽變體，因為缺乏葉綠素不能自營生長，也必須嫁接在綠色的砧木上。還有室內栽培的小型盆栽仙人掌，也常利用嫁接技術，做出各種趣味性造型。

當氣溫升高樹液開始流動時，即可進行仙人掌嫁接。但若溼度太高，傷口不易癒合時，雖氣溫高，仍不宜嫁接仙人掌。以臺灣中部的氣候條件，每年的 4、5、9 以及 10 月份嫁接容易成功。

仙人掌嫁接通常以三角柱、神龍木以及黃大文字等生長強健之柱狀仙人掌為砧木。其中又以三角柱利用最多。嫁接方法常用接插法，即先將接穗接於一段砧木上，嫁接完成後，再扦插。和扦插繁殖一樣，嫁接後必須等所有傷口乾燥後，才可扦插。若以嫁接切口的形態分類，則可分為平接 (flat graft)、側接、劈接以及鑲接等（圖 8–21）。

㈠平接

適用於厚、球形的仙人掌。砧木可切自多年生植株或將實生苗的根切除後嫁接。嫁接時，先將接穗底部和砧木平切，為了避免在切口積水，可沿著砧木的稜線斜切成肩角，然後將接穗平放在砧木上，儘可能使二者的環狀維管束重疊，再用棉線等材料固定（圖 8–22）。

㈡側接

常用於長條柱狀的仙人掌，最好砧木與接穗的直徑相若。嫁接時，砧木的頂部與接穗的下緣，各削成 45° 的斜角，然後將切口緊靠，並以牙籤由接穗中央穿入達砧木固定之。必要時或可再用棉線固定（圖 8–21）。

㈢劈接

適用於扁平的葉狀莖仙人掌類，如蟹爪仙人掌。嫁接時，砧木先去頂，然後由中央劈開深 1.2 公分左右；接穗由莖關節處切取，然後從扁平兩側削成斜面。最後將接穗插入砧木切口，再以牙籤固定即成。

㈣鑲接

適用的種類與接穗之削取如同劈接，唯嫁接位置不在砧木的頂部而是在側面。先將砧木在欲接的位置挖個缺口，再把削好的接穗塞進缺口中即成。

五、微體繁殖法

多肉植物少用微體繁殖法生產種苗，然生長緩慢或有彩色之仙人掌，因缺少葉綠素，難以用扦插繁殖者，可用微體繁殖方法生產種苗。然仙人掌類上的絨毛或刺容易隱藏微生物，故汙染率偏高。在藥劑滅菌之前，用火先將絨毛或刺燒光，再用化學藥劑行表面消毒，有助於減少初代培養的汙染率。

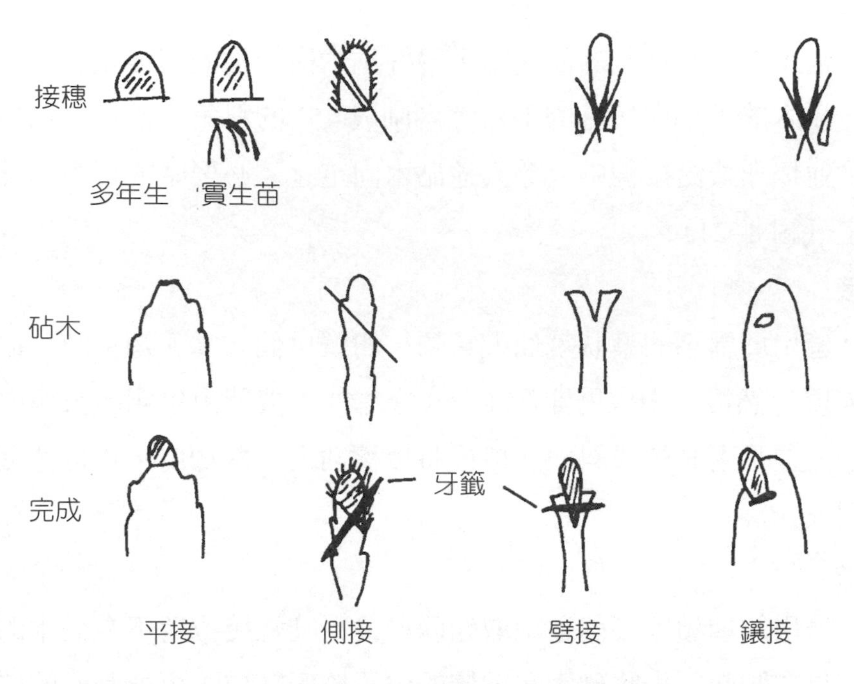

▶ 圖 8-21 仙人掌嫁接方法示意圖。

▶ 圖 8-22 仙人掌平接於三角柱上。

◆第七節　其他觀賞植物◆

一、蕨類植物

蕨類植物約有 10,000 種，主要分布於熱帶高冷地的陰溼多霧地區，因此非常耐蔭，是重要的室內植物，常見的種類有波士頓腎蕨、鐵線蕨、山蘇、鳳尾蕨以及麋角蕨等。蕨類為低等植物，孢子發芽後形成原葉體，其上有雌雄器官，為有性世代，雌配子受精後長出孢子體，為無性世代（圖 8–23）。有性世代的器官很小，而且存在的時間很短，一般所看到的蕨類為無性世代的孢子體。

(一)分株繁殖法

由於蕨類種類多，而且植株形態差異很大，有些蕨類有走莖(stolons)，有些有地下莖，有些會形成扁平的小鱗莖，還有有些會由葉尖或羽狀葉的葉緣或營養葉上直接形成小植株（圖 8–24）。上述各種生殖方法，很容易的可以用分株（包括分離或分割）繁殖方法得到新的種苗，然而繁殖率非常低，不足供應市場需要。因此最主要種苗生產仍經由有性繁殖——孢子繁殖。

(二)孢子繁殖法

當孢子葉葉背的孢子囊轉成褐色時，直接將褐色的孢子囊刮取即可採集到孢子。然而所刮取的褐狀物，仍含雜屑，可以利用比重法精選孢子（圖 8–25）。

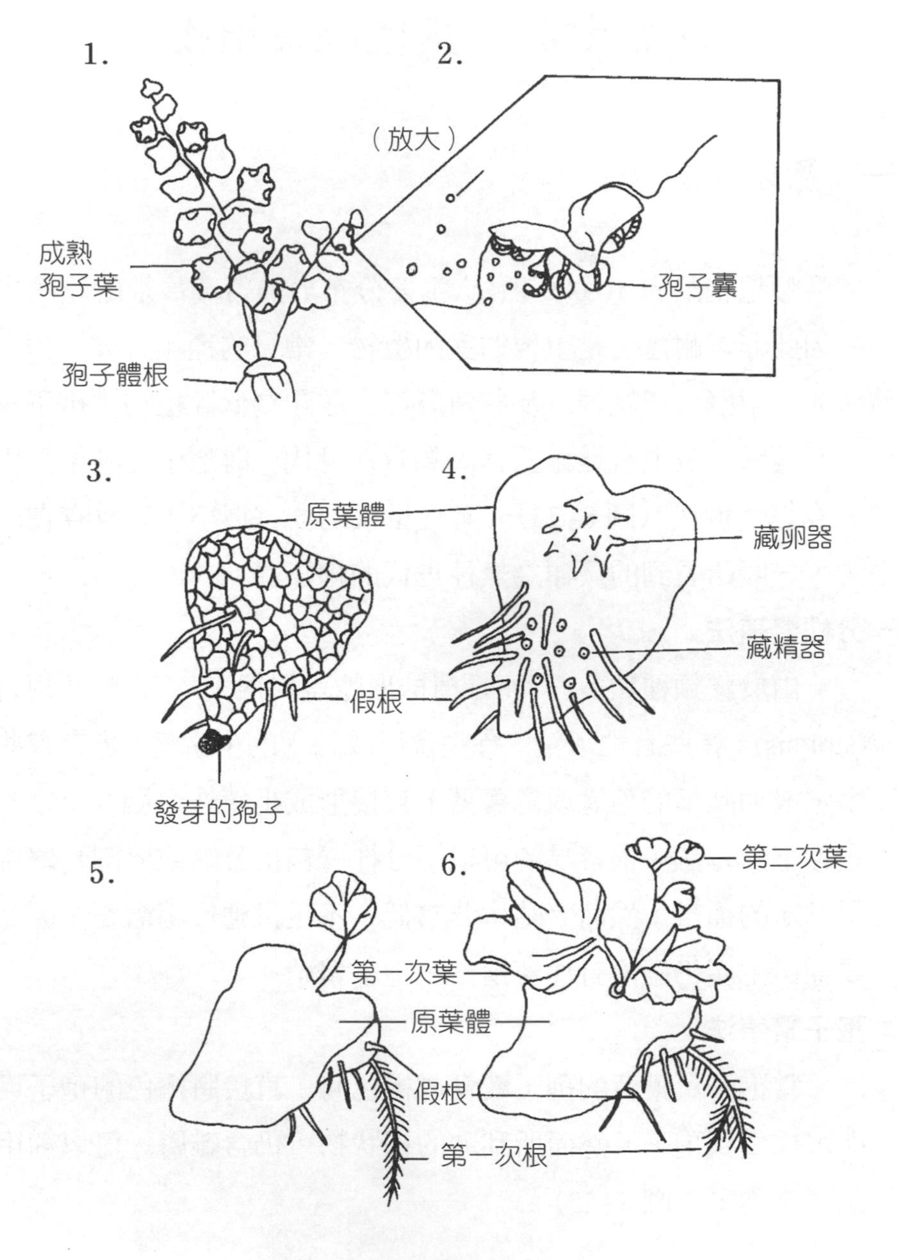
1.
2.
（放大）
成熟
孢子葉
孢子囊
孢子體根
3.
4.
原葉體
藏卵器
藏精器
假根
發芽的孢子
5.
6.
第二次葉
第一次葉
原葉體
假根
第一次根

▶圖 8-23 蕨類生活史。

▶ 圖 8–24　麋角蕨形成的小植株（左下角），可用分株繁殖。

▶ 圖 8–25　成熟孢子葉葉背形成褐色孢子囊。

孢子可採用一般播種或無菌播種 。 孢子經 0.5% 次氯酸鈉溶液消毒後，播種在消毒過的介質。然後再蓋上玻璃，以保持溼度。播好的盆子放在有亮光，但不是陽光直射到的地方。氣溫在 20～30 °C 是適於播種的季節。約一週以後（有些孢子發芽長達一年，如麋角蕨），孢子發芽發育成原葉體，此時可先移植一次，每直徑 0.5 公分為一叢的原葉體，叢距為 1 公分左右。在此時期，栽培環境應保持非常潮溼，否則精子沒有辦法游向卵子受精。當孢子體 2 公分高時可再假植一次，每叢直徑約為 1 公分。待苗高 5～8 公分時，即可分成單株定植。

無菌播種是將孢子表面滅菌後，播種在容器內，操作方法與蘭花無菌播種相似，僅所用培養基略有不同。蕨類播種用的培養基以花寶 3 號 (10—30—20) 3 克/公升，再加糖 30 克/公升和洋菜 8 克/公升即可，非常簡單。一週（可能一年）以後，孢子發芽成原葉體。原葉體可不斷繼代培養增殖。當不想再增殖時，只要不再繼代，原葉體上的精子即可與卵受精產生孢子體，待孢子體成長即可移出瓶外栽培。

㈢微體繁殖法

蕨類植物由於孢子成熟時孢子囊呈褐色，因此經濟栽培時，常選擇不易產生孢子的品系。因此對於有性繁殖頗為不利。因此品質最佳的蕨類，如波士頓腎蕨，幾乎 90% 的種苗是利用微體繁殖。蕨類的微體繁殖，常利用地下莖或走莖的頂端培養，大量繁殖種苗。

二、觀葉植物

觀葉植物是指凡葉形特異、或具斑紋、或具特殊色彩變化，而具觀賞價值的植物。由於這些葉片上的特徵，很難經由有性繁殖而仍能保有品種特徵，因此這類植物大多以無性繁殖方法繁殖，如分株、枝插、或葉插，以及微體繁殖。一般而言，不管以何種無性繁殖方法繁殖，其操作方法都相當容易。

多分蘗的植物或有地下莖、塊莖貯藏器官者，可用分株繁殖，如彩葉芋。而有長莖的觀葉植物則常用枝插。每 2～3 節為一段插穗；若生長緩慢的種類也可以用單節扦插或葉芽插，如黛粉葉、粗肋草、以及朱蕉等。而不易分蘗且節間短又生長緩慢者，可用葉插，如觀葉秋海棠類或椒草等。

不過在觀葉植物無性繁殖的操作中，最重要的是保持原來的品種特性。許多有彩色變化或鑲邊的品種，大多由全綠植株芽條變異而來，這些變異有些不是很穩定，而且由於突變之後的葉片彩色部分大，相對的葉綠素含量少，因此光合成產物少，枝條比全綠的品種衰弱，因此採穗母株隨時要注意剪除全綠枝條，以維持具有彩色或斑紋枝條之生長（圖 8–26）。另外有些鑲邊的觀葉植物，由於屬於生長點部分組織的嵌鑲突變，繁殖時必需以完整的生長點繁殖，才能保有原來鑲邊之特性。例如鑲邊虎尾蘭，雖然可以以葉插方法繁殖，但所長出的後代，其鑲邊的特性就不見了；又如五彩千年木若以根插繁殖，則由根長出的不定芽之葉片為全綠的。同樣原理，在利用微體繁殖方法生產種苗時，通常都經由腋芽，而儘可能不利用再生體胚或不定芽的方法增殖。

▶ 圖 8–26　斑葉榕採穗母株，出現綠色變異應隨時剪除。

習　題

1. 臺灣曾有蓬勃的花卉採種事業，為何沒落了？有無方法再創花卉採種事業？
2. 試述溫度對一、二年草育苗之重要性。
3. 菊花扦插床電照（暗期中斷）的目的為何？
4. 試述非洲菊之扦插繁殖。
5. 宿根滿天星扦插床電照（暗期中斷）的目的為何？
6. 臺灣香石竹栽培所需種苗除了進口外，還有哪些生產方法？
7. 試述唐菖蒲之主要繁殖方法。
8. 試述百合的繁殖方法。
9. 水仙如何生產大鱗莖？
10. 試比較風信子繁殖方法中之切割法與去基盤法。
11. 試比較塊根類與塊莖類之分株繁殖方法。
12. 蘭花除了微體繁殖外，還有哪些繁殖方法？
13. 喬木類有哪些可用扦插繁殖，但實際上卻都用種子繁殖？
14. 何謂樹玫瑰，其種苗如何生產？
15. 試述臺灣九重葛之高壓繁殖法。
16. 常見的多肉植物分屬於哪些科？
17. 多肉植物之無性繁殖有哪幾種？
18. 繪圖說明蕨類植物之世代交替。
19. 觀葉植物常用的繁殖方法有哪幾種？
20. 斑葉植物常由芽條突變而得，在繁殖時要注意哪些條件，才能維持斑葉之特徵？

實習 8–1 菊花穴盤苗之培育

一、目的：菊花為臺灣第一大花卉產業。瞭解並熟習菊花種苗之生產技術。

二、方法：1. 調製培養土，並裝入穴盤。
2. 由採穗母株摘取插穗扦插於穴盤中。
3. 置噴霧扦插床。

實習 8–2 非洲菊扦插繁殖

一、目的：1. 瞭解細胞分裂素 (cytokinins) 在地下莖類或塊莖類等多年生草本植物繁殖上之應用。
2. 熟習宿根草採穗之技術及扦插之技術。

二、方法：1. 將非洲菊 3 年生老株剪根，去葉後，以 BA 50～100 ppm 浸 30～60 分後，置噴霧插床。
2. 待新芽長出後，切取並扦插於噴霧插床。

實習 8–3 仙人掌嫁接

一、目的：熟習多肉草本植物之「嫁接後再扦插」技術。

二、方法：1. 以三角柱為砧木，以頂接方法嫁接仙人掌。
2. 嫁接後陰乾，待傷口癒合後扦插。

實習 8–4　樹玫瑰之種苗生產

一、目的：熟習扦插、芽接之操作技術。

二、方法：1.以扦插方法繁殖砧木。

2.砧木 30 公分以上時，進行芽接。樹玫瑰之芽接必須在砧木同高度兩側各接一芽，屬高難度技術。

實習 8–5　蕨類之無菌播種

一、目的：1.熟習無菌播種之操作技術。

2.瞭解蕨類植物之世代交替。

二、方法：1.配製培養基（花寶 3 號 3 公克 + 糖 30 公克 + 水至 1 公升，加入洋菜粉 8 公克並溶解、裝瓶）。

2.蕨類孢子經表面消毒後培養。

3.觀察蕨類孢子發芽及以後之發育。

附錄一　植物品種及種苗法

中華民國 107 年 05 月 23 日
總統令修正公布

第一章　總　則

第 1 條　為保護植物品種之權利，促進品種改良，並實施種苗管理，以增進農民利益及促進農業發展，特制定本法。本法未規定者，適用其他法律之規定。

第 2 條　本法所稱主管機關：在中央為行政院農業委員會；在直轄市為直轄市政府；在縣（市）為縣（市）政府。

第 3 條　法用辭定義如下：

一、品種：指最低植物分類群內之植物群體，其性狀由單一基因型或若干基因型組合所表現，能以至少一個性狀與任何其他植物群體區別，經指定繁殖方法下其主要性狀維持不變者。

二、基因轉殖：使用遺傳工程或分子生物等技術，將外源基因轉入植物細胞中，產生基因重組之現象，使表現具外源基因特性。但不包括傳統雜交、誘變、體外受精、植物分類學之科以下之細胞與原生質體融合、體細胞變異及染色體加倍等技術。

三、基因轉殖植物：指應用基因轉殖技術獲得之植株、種子及其衍生之後代。

四、育種者：指育成品種或發現並開發品種之工作者。

五、種苗：指植物體之全部或部分可供繁殖或栽培之用者。

六、種苗業者：指從事育種、繁殖、輸出入或銷售種苗之事業者。

七、銷售：指以一定價格出售或實物交換之行為。

八、推廣：指將種苗介紹、供應他人採用之行為。

第 4 條　適用本法之植物種類，指為生產農產品而栽培之種子植物、蕨類、苔蘚類、多細胞藻類及其他栽培植物。

第 5 條　品種申請權，指得依本法申請品種權之權利。

品種申請權人，除本法另有規定或契約另有約定外，指育種者或其受讓人、繼承人。

第 6 條　品種申請權及品種權得讓與或繼承。

品種權由受讓人或繼承人申請者，應敘明育種者姓名，並附具受讓或繼承之證件。

品種申請權及品種權之讓與或繼承，非經登記，不得對抗善意第三人。

第 7 條　品種申請權不得為質權之標的。

以品種權為標的設定質權者，除契約另有約定外，質權人不得實施該品種權。

第 8 條　受僱人於職務上所育成之品種或發現並開發之品種，除契約另有約定外，其品種申請權及品種權屬於僱用人所有。但僱用人應給予受僱人適當之獎勵或報酬。

前項所稱職務上所育成之品種或發現並開發之品種，指受僱人於僱傭關係中之工作所完成之品種。

一方出資聘請他人從事育種者，其品種申請權及品種權之歸屬，依雙方契約約定；契約未約定者，品種申請權及品種權屬於品種育種者。但出資人得利用其品種。
依第一項、第三項之規定，品種申請權及品種權歸屬於僱用人或出資人者，品種育種者享有姓名表示權。

第 9 條　受僱人於非職務上育成品種，或發現並開發品種者，取得其品種之申請權及品種權。但品種係利用僱用人之資源或經驗者，僱用人得於支付合理報酬後，於該事業利用其品種。
受僱人完成非職務上之品種，應以書面通知僱用人；必要時，受僱人並應告知育成或發現並開發之過程。
僱用人於前項書面通知到達後六個月內，未向受僱人為反對之表示者，不得主張該品種為職務上所完成之品種。

第 10 條　前條僱用人與受僱人間以契約預先約定受僱人不得享有品種申請權及品種權者，其約定無效。

第 11 條　外國人所屬之國家與中華民國未共同參加品種權保護之國際條約、組織，或無相互品種權保護之條約、協定，或無由團體、機構互訂經中央主管機關核准品種權保護之協議，或對中華民國國民申請品種權保護不予受理者，其品種權之申請，得不予受理。

第二章　品種權之申請

第 12 條　具備新穎性、可區別性、一致性、穩定性及一適當品種名稱之品種，得依本法申請品種權。
前項所稱新穎性，指一品種在申請日之前，經品種申請權人自行或同意銷售或推廣其種苗或收穫材料，在國內未超過一年；在國外，木本或多年生藤本植物未超過六年，其他物種未超過四年者。

第一項所稱可區別性，指一品種可用一個以上之性狀，和申請日之前已於國內或國外流通或已取得品種權之品種加以區別，且該性狀可加以辨認和敘述者。

第一項所稱一致性，指一品種特性除可預期之自然變異外，個體間表現一致者。

第一項所稱穩定性，指一品種在指定之繁殖方法下，經重覆繁殖或一特定繁殖週期後，其主要性狀能維持不變者。

第 13 條　前條品種名稱，不得有下列情事之一：

一、單獨以數字表示。

二、與同一或近緣物種下之品種名稱相同或近似。

三、對品種之性狀或育種者之身分有混淆誤認之虞。

四、違反公共秩序或善良風俗。

第 14 條　申請品種權，應填具申請書，並檢具品種說明書及有關證明文件，向中央主管機關提出。

品種說明書應載明下列事項：

一、申請人之姓名、住、居所，如係法人或團體者，其名稱、事務所或營業所及代表人或管理人之姓名、住、居所。

二、品種種類。

三、品種名稱。

四、品種來源。

五、品種特性。

六、育成或發現經過。

七、栽培試驗報告。

八、栽培應注意事項。

九、其他有關事項。

品種名稱應書以中文，並附上羅馬字母譯名。於國外育成之品種，應書以其羅馬字母品種名稱及中文名稱。

第 15 條　品種申請權為共有者，應由全體共有人提出申請。

第 16 條　品種權申請案，以齊備申請書、品種說明書及有關證明文件之日為申請日。
品種權申請案，其應備書件不全、記載不完備者，中央主管機關應敘明理由通知申請人限期補正；屆期未補正者，應不予受理。在限期內補正者，以補正之日為申請日。

第 17 條　申請人就同一品種，在與中華民國相互承認優先權之國家或世界貿易組織會員第一次依法申請品種權，並於第一次申請日之次日起十二個月內，向中華民國提出申請品種權者，得主張優先權。
依前項規定主張優先權者，應於申請時提出聲明，並於申請日之次日起四個月內，檢附經前項國家或世界貿易組織會員證明受理之申請文件。違反者，喪失優先權。
主張優先權者，其品種權要件之審查，以優先權日為準。

第 18 條　同一品種有二人以上各別提出品種權申請時，以最先提出申請者為準。但後申請者所主張之優先權日早於先申請者之申請日時，不在此限。
前項申請日、優先權日為同日者，應通知申請人協議定之；協議不成時，均不予品種權。

第 19 條　中央主管機關受理品種權申請時，應自申請日之次日起一個月內，將下列事項公開之：
一、申請案之編號及日期。
二、申請人之姓名或名稱及地址。
三、申請品種權之品種所屬植物之種類及品種名稱。
四、其他必要事項。

申請人對於品種權申請案公開後，曾經以書面通知，而於通知後核准公告前，就該品種仍繼續為商業上利用之人，得於取得品種權後，請求適當之補償金。
對於明知品種權申請案已經公開，於核准公告前，就該品種仍繼續為商業上利用之人，亦得為前項之請求。
前二項之補償金請求權，自公告之日起，二年內不行使而消滅。

第 20 條　中央主管機關審查品種權之申請，必要時得通知申請人限期提供品種性狀檢定所需之材料或其他相關資料。
品種權申請案經審查後，中央主管機關應將審查結果，作成審定書，敘明審定理由，通知申請人；審查核准之品種，應為核准公告。

第 21 條　中央主管機關應設品種審議委員會，審查品種權申請、撤銷及廢止案。
前項審議委員會應置委員五人至七人，由中央主管機關聘請對品種審議法規或栽培技術等富有研究及經驗之專家任之；其組織及審查辦法，由中央主管機關定之。

第三章　品種權

第 22 條　品種權申請案自核准公告之日起，發生品種權之效力。

第 23 條　木本或多年生藤本植物之品種權期間為二十五年，其他植物物種之品種權期間為二十年，自核准公告之日起算。

第 24 條　品種權人專有排除他人未經其同意，而對取得品種權之種苗為下列行為：
一、生產或繁殖。
二、以繁殖為目的而調製。
三、為銷售之要約。
四、銷售或其他方式行銷。
五、輸出、入。
六、為前五款之目的而持有。
品種權人專有排除他人未經其同意，而利用該品種之種苗所得之收穫物，為前項各款之行為。
品種權人專有排除他人未經其同意，而利用前項收穫物所得之直接加工物，為第一項各款之行為。但以主管機關公告之植物物種為限。
前二項權利之行使，以品種權人對第一項各款之行為，無合理行使權利之機會時為限。

第 25 條　前條品種權範圍，及於下列從屬品種：
一、實質衍生自具品種權之品種，且該品種應非屬其他品種之實質衍生品種。
二、與具品種權之品種相較，不具明顯可區別性之品種。
三、須重複使用具品種權之品種始可生產之品種。
本法修正施行前，從屬品種之存在已成眾所周知者，不受品種權效力所及。
第一項第一款所稱之實質衍生品種，應具備下列要件：
一、自起始品種或該起始品種之實質衍生品種所育成者。
二、與起始品種相較，具明顯可區別性。
三、除因育成行為所生之差異外，保留起始品種基因型或基因型組合所表現之特性。

第 26 條　品種權之效力，不及於下列各款行為：
一、以個人非營利目的之行為。

二、以實驗、研究目的之行為。
三、以育成其他品種為目的之行為。但不包括育成前條第一項之從屬品種為目的之行為。
四、農民對種植該具品種權之品種或前條第一項第一款、第二款從屬品種之種苗取得之收穫物，留種自用之行為。
五、受農民委託，以提供農民繁殖材料為目的，對該具品種權之品種或其從屬品種之繁殖材料取得之收穫物，從事調製育苗之行為。
六、針對已由品種權人自行或經其同意在國內銷售或以其他方式流通之該具品種權之品種或其從屬品種之任何材料所為之行為。但不包括將該品種作進一步繁殖之行為。
七、針對衍生自前款所列材料之任何材料所為之行為。但不包括將該品種作進一步繁殖之行為。

為維護糧食安全，前項第四款、第五款之適用，以中央主管機關公告之植物物種為限。

第一項所稱之材料，指植物品種之任何繁殖材料、收穫物及收穫物之任何直接加工物，其中該收穫物包括植物之全部或部分。

第一項第六款及第七款所列行為，不包括將該品種之可繁殖材料輸出至未對該品種所屬之植物屬或種之品種予以保護之國家之行為。但以最終消費為目的者，不在此限。

第 27 條　品種權得授權他人實施。

品種權授權他人實施或設定質權，應向中央主管機關登記。非經登記，不得對抗善意第三人。

第 28 條　品種權共有人未經擁有持分三分之二以上共有人之同意，不得以其應有部分讓與或授權他人實施或設定質權。但另有約定者，從其約定。

第29條　品種權人未經被授權人或質權人之同意，不得拋棄其權利。

第30條　為因應國家重大情勢或增進公益之非營利使用或申請人曾以合理之商業條件在相當期間內仍不能協議授權時，中央主管機關得依申請，特許實施品種權；其實施，應以供應國內市場需要為主。

特許實施，以非專屬及不可轉讓者為限，且須明訂實施期間，期限不得超過四年。

品種權人有限制競爭或不公平競爭之情事，經法院判決或行政院公平交易委員會處分確定者，雖無第一項所定之情形，中央主管機關亦得依申請，特許該申請人實施品種權。

中央主管機關接到特許實施申請書後，應將申請書副本送達品種權人，限期三個月內答辯；屆期不答辯者，得逕行處理。

特許實施，不妨礙他人就同一品種權再取得實施權。

特許實施權人應給與品種權人適當之補償金，有爭執時，由中央主管機關核定之。

特許實施，應與特許實施有關之營業一併轉讓、繼承、授權或設定質權。

特許實施之原因消滅時，中央主管機關得依申請，廢止其特許實施。

第31條　依前條規定取得特許實施權人，違反特許實施之目的時，中央主管機關得依品種權人之申請或依職權，廢止其特許實施。

第32條　任何人對具品種權之品種為銷售或其他方式行銷行為時，不論該品種之品種權期間是否屆滿，應使用該品種取得品種權之名稱。

該名稱與其他商業名稱或商標同時標示時，需能明確辨識該名稱為品種名。

第四章　權利維護

第 33 條　中央主管機關為追蹤檢定具品種權之品種是否仍維持其原有性狀，得要求品種權人提供該品種之足量種苗或其他必要資訊。

第 34 條　中央主管機關辦理第二十條及前條所定之品種性狀檢定及追蹤檢定，得委任所屬機關或委託其他機關（構）為之；其委任或委託辦法，由中央主管機關定之。

第 35 條　品種名稱不符合第十三條規定者，中央主管機關得定相當期間，要求品種權人另提適當名稱。

第 36 條　有下列情事之一者，品種權當然消滅：

一、品種權期滿時，自期滿之次日起消滅。

二、品種權人拋棄時，自其書面表示送達中央主管機關之日起；書面表示記載特定之日者，自該特定日起消滅。

三、品種權人逾補繳年費期限仍不繳費時，品種權自原繳費期限屆滿之次日起消滅。

品種權人死亡而無人主張其為繼承人時，其品種權依民法第一千一百八十五條規定歸屬國庫。

第 37 條　有下列情事之一者，中央主管機關應依申請或依職權撤銷品種權：

一、具品種權之品種，不符第十二條規定。

二、品種權由無申請權之人取得。

有下列情事之一者，中央主管機關應依申請或依職權廢止品種權：

一、經取得權利後，該具品種權之品種，不再符合第十二條所定一致性或穩定性。

二、品種權人未履行第三十三條規定之義務，而無正當理由。

三、品種權人未依第三十五條提出適當名稱，而無正當理由。

品種權經撤銷或廢止者，應限期追繳證書；無法追回者，應公告註銷。

第 38 條　任何人對品種權認有前條第一項或第二項規定之情事者，得附具理由及證據，向中央主管機關申請撤銷或廢止。但前條第一項第二款撤銷之申請人，以對該品種有申請權者為限。

依前條第一項撤銷品種權者，該品種權視為自始不存在。

第 39 條　品種權之變更、特許實施、授權、設定質權、消滅、撤銷、廢止及其他應公告事項，中央主管機關應予公告之。

第 40 條　品種權人或專屬被授權人於品種權受侵害時，得請求排除其侵害，有侵害之虞者，得請求防止之。對因故意或過失侵害品種權者，並得請求損害賠償。

品種權人或專屬被授權人依前項規定為請求時，對於侵害品種權之物或從事侵害行為之原料或器具，得請求銷毀或為其他必要之處置。

育種者之姓名表示權受侵害時，得請求表示育種者之姓名或為其他回復名譽之必要處分。

本條所定之請求權，自請求權人知有行為及賠償義務人時起，二年內不行使而消滅；自行為時起，逾十年者亦同。

第 41 條　依前條規定請求損害賠償時，得就下列各款擇一計算其損害：

一、依民法第二百十六條規定，不能提供證據方法以證明其損害時，品種權人或專屬被授權人得就其利用該品種或其從屬品種通常所可獲得之利益，減除受害後利用前述品種所得之利益，以其差額為所受損害。

二、依侵害人因侵害行為所得之利益。侵害人不能就其成本或必要費用舉證時，以其因銷售所得之全部收入為所得利益。

除前項規定外，品種權人或專屬被授權人之業務上信譽，因侵害而致減損時，得另請求賠償相當金額。

第 42 條　關於品種權之民事訴訟，在品種權撤銷或廢止案確定前，得停止審判。

第 43 條　未經認許之外國法人或團體，依條約、協定或其本國法令、慣例，中華民國國民或團體得在該國享受同等權利者，就本法規定事項得提起民事訴訟；其由團體或機構互訂保護之協議，經中央主管機關核准者，亦同。

第五章　種苗管理

第 44 條　經營種苗業者，非經直轄市或縣（市）主管機關核准，發給種苗業登記證，不得營業。

種苗業者應具備條件及其設備標準，由中央主管機關定之。

第 45 條　種苗業登記證應記載下列事項：

一、登記證字號、登記年、月、日。

二、種苗業者名稱、地址及負責人姓名。

三、經營種苗種類範圍。
四、資本額。
五、從事種苗繁殖者，其附設繁殖場所之地址。
六、登記證有效期限。
七、其他有關事項。
前項第二款或第三款登記事項發生變更時，應自變更之日起三十日內，向原核發登記證機關申請變更登記；未依限辦理變更登記者，主管機關得限期命其辦理。

第 46 條　種苗業者銷售之種苗，應於其包裝、容器或標籤上，以中文為主，並附上羅馬字母品種名稱，標示下列事項：
一、種苗業者名稱及地址。
二、種類及中文品種名稱或品種權登記證號。
三、生產地。
四、重量或數量。
五、其他經中央主管機關所規定之事項。
前項第二款為種子者，應標示發芽率及測定日期；為嫁接之苗木者，應標示接穗及砧木之種類及品種名稱。

第 47 條　種苗業者於核准登記後滿一年尚未開始營業或開始營業後自行停止營業滿一年而無正當理由者，直轄市或縣（市）主管機關得廢止其登記。

第 48 條　登記證有效期間為十年，期滿後需繼續營業者，應於期滿前三個月內，檢附原登記證申請換發。屆期未辦理或不符本法規定者，其原領之登記證由主管機關公告註銷。

第 49 條　種苗業者廢止營業時，應於三十日內向直轄市或縣（市）主管機關申請歇業登記，並繳銷登記證；其未申請或繳銷者，由主管機關依職權廢止之。

第 50 條　主管機關得派員檢查種苗業者應具備之條件及設備標準，銷售種苗之標示事項，種苗業者不得拒絕、規避、妨礙；檢查結果不符依第四十四條第二項所定條件及標準者，由主管機關通知限期改善。

檢查人員執行職務時，應出示身分證明。

第 51 條　種苗、種苗之收穫物或其直接加工物應准許自由輸出入。但因國際條約、貿易協定或基於保護植物品種之權利、治安、衛生、環境與生態保護或政策需要，得予限制。

前項限制輸出入種苗 、 種苗之收穫物或其直接加工物之種類、數量、地區、期間及輸出入有關規定，由中央主管機關會商有關機關後公告之。

第 52 條　基因轉殖植物非經中央主管機關許可，不得輸入或輸出；其許可辦法，由中央主管機關定之。

由國外引進或於國內培育之基因轉殖植物，非經中央主管機關許可為田間試驗經審查通過，並檢附依其申請用途經中央目的事業主管機關核准之同意文件 ， 不得在國內推廣或銷售。

前項田間試驗包括遺傳特性調查及生物安全評估；其試驗方式、申請、審查程序與相關管理辦法及試驗收費基準，由中央主管機關定之。

基因轉殖植物基於食品及環境安全之考量，其輸入、輸出、運送、推廣或銷售，皆應加以適當之標示及包裝；標示及包裝之準則，由中央主管機關另定之。

第 53 條　輸入之種苗，不得移作非輸入原因之用途。

中央主管機關為避免輸入之種苗移作非輸入原因之用途，得令進口人先為藥劑等必要之處理。

第六章　罰則

第 54 條　有下列情事之一者，處新臺幣一百萬元以上五百萬元以下罰鍰：

一、違反依第五十二條第一項所定許可辦法之強制規定，而輸入或輸出。

二、違反第五十二條第二項規定逕行推廣或銷售者。

三、違反依第五十二條第三項所定管理辦法之強制規定，而進行田間試驗。

前項非法輸入、輸出、推廣、銷售或田間試驗之植物，得沒入銷毀之。

第 55 條　輸出入種苗、種苗之收穫物或其直接加工物違反依第五十一條第二項之公告者，處新臺幣三十萬元以上一百五十萬元以下罰鍰；其種苗、種苗之收穫物或其直接加工物得沒入之。

第 56 條　有下列情形之一者 ， 處新臺幣六萬元以上三十萬元以下罰鍰：

一、違反第三十二條第一項規定，未使用該品種取得品種權之名稱。

二、違反第四十四條第一項規定，未經登記即行營業。

主管機關依前項第二款處分時，並得命令行為人停業，拒不停業者，得按月處罰。

第 57 條　不符依第四十四條第二項所定種苗業應具備條件或設備標準，經主管機關依第五十條第一項規定限期改善而屆期不改善者，處新臺幣三萬元以上十五萬元以下罰鍰；其情節重大者，得令其停止六個月以下之營業，復業後三個月內仍未改善者，並得報請上級主管機關核准廢止其登記。

第 58 條　有下列情事之一者，處新臺幣二萬元以上十萬元以下罰鍰：
一、違反第四十六條規定，標示不明、標示不全、標示不實或未標示。
二、拒絕、規避、妨礙檢查人員依第五十條第一項所為之檢查。
三、違反第五十三條第一項規定。

第 59 條　違反第四十五條第二項規定，經主管機關通知限期辦理變更登記，屆期未辦理者，處新臺幣一萬元以上五萬元以下罰鍰。

第 60 條　本法所定之罰鍰，由直轄市、縣（市）主管機關處罰之。但第五十四條、第五十五條所定之罰鍰，由中央主管機關處罰之。
依本法所處之罰鍰，經限期繳納，屆期不繳納者，依法移送強制執行。

第七章　附則

第 61 條　品種權之申請人於申請時，應繳納申請費，經核准品種權者，其權利人應繳證書費及年費。經繳納證書費及第一年年費後，始予公告品種權，並發給證書。
第二年以後之年費，應於屆期前繳納；未於應繳納年費之期間內繳費者，得自期滿之日起六個月內補繳之。但其年費，應按規定之年費加倍繳納。
第二十條第一項性狀檢定所需檢定費，由申請人繳納。第三十三條性狀追蹤檢定所需檢定費，由權利人繳納。
第二十七條第二項、第四十四條第一項之登記及第三十八條之申請，申請人於申請時，應繳納登記費或申請費。
關於品種權之各項申請費、證書費、年費、檢定費、登記費之收費基準，由中央主管機關定之。

第 62 條　本法修正施行前未審定之品種權申請案，依修正施行後之規定辦理。
本法修正施行之日，品種權仍存續者，其品種權依修正施行後之規定辦理。

第 63 條　本法修正施行前已領有種苗業登記證者，應自中央主管機關公告之日起二年內，重新辦理種苗業登記證之申請；屆期不辦理者，其種苗業登記證失效，並由主管機關予以註銷；未申請換發而繼續營業者，依第五十六條第一項第二款規定處罰。

第 64 條　本法施行細則，由中央主管機關定之。

第 65 條　本法施行日期，由行政院定之。

附錄二　植物品種及種苗法施行細則

中華民國 109 年 01 月 06 日
行政院農業委員會令修正發布

第 1 條　本細則依植物品種及種苗法（以下簡稱本法）第六十四條規定訂定之。

第 2 條　依本法所為品種權之各項申請及種苗業登記之申請，應向主管機關以我國文字書面提出。
前項申請應檢附之證明文件係外文者，主管機關認有必要時，得通知申請人檢附我國文字譯本或節譯本。
各項申請書及檢附之文件，其科學名詞之譯名以國立編譯館編譯者為原則，並應附註外文原名；植物名稱應附註學名。

第 3 條　申請人得委任代理人；申請人在中華民國境內無住、居所、事務所或營業所者，應委任代理人為之。
申請人委任代理人時，應向主管機關提出委任書，載明代理權限及送達處所。
申請人變更代理人之權限或更換代理人時，非以書面通知該主管機關，不生效力。

第 4 條　申請人之姓名或名稱、住、居所、事務所或營業所有變更時，應向主管機關申請變更。

第 5 條　依本法及本細則所定應檢附之證明文件，以原本或正本為之；其經當事人釋明與原本或正本相同者，得以影本代之。但依本法第十七條第二項規定檢附與中華民國相互承認優先權之國家或世界貿易組織會員證明受理之文件應為正本。原本或正本，經主管機關驗證後得發還之。

第 6 條　依本法所為各項申請文件之送達，以書面提出者，以送達主管機關之日為準；以掛號郵寄方式提出者，以交郵當日之郵戳所載日期為準。

第 7 條　未依本法第四條規定公告之植物種類，利害關係人得敘明下列事項，向中央主管機關建議公告：

一、建議人之姓名、住、居所。如係法人或團體者，其名稱、事務所或營業所及其代表人或管理人之姓名、聯絡電話。

二、植物種類及其學名。

三、建議公告之理由。

四、該植物種類主要栽培品種之性狀表。

五、繁殖方法。

六、栽培方法。

七、建議人之簽名或蓋章。

八、提出日期。

第 8 條　因繼承、受讓品種申請權或品種權者，應填具申請書，並檢附下列文件向中央主管機關申請之：

一、繼承：死亡及繼承證明文件。

二、受讓：讓與契約書或讓與人出具之證明文件。公司因併購而承受者，其併購之證明文件。

前項繼承或受讓為品種權者，應提出品種權證書。

第 9 條　品種權申請書，應載明下列事項：

一、植物種類、學名及品種名稱。

二、申請人之國籍、姓名、住、居所。如係法人或團體者，其名稱、事務所或營業所及其代表人或管理人之姓名、住、居所、聯絡電話。

三、育種者之姓名、住、居所。

四、有委任代理人者，其代理人之姓名、住、居所、聯絡電話。

五、聲明事項。

六、檢附之文件清單。

第 10 條　申請人依本法第十四條第一項規定申請品種權主張下列事項者，應於申請時聲明之：

一、未超過本法第十二條第二項所定期間。

二、依本法第十七條規定主張優先權者，應載明第一次申請品種權之國家或世界貿易組織會員、申請案號及申請日。

三、不予公開之營業秘密資料。

第 11 條　本法第十四條第二項第四款所定品種來源為國外育成者，中央主管機關認有必要時，得通知申請人限期檢附外國申請案號檢索資料或審查結果資料；屆期未提供時，依現有資料審查。

第 12 條　申請品種權主張優先權者，其申請書之記載事項或證明文件不完備，經通知補正時，該補正部分已見於主張優先權之先申請案，以原申請日為申請日。

第 13 條　中央主管機關依本法第二十條第二項規定所為品種權之核准公告應載明下列事項：
一、申請案之編號及日期。
二、公開案號及日期。
三、證書號碼及發證日期。
四、植物種類、學名及品種名稱。
五、品種特性概要。
六、品種權人姓名或名稱。
七、權利期間。
前項品種權經核准公告後，有錯誤或不完整者，品種權人得向中央主管機關申請更正或補充。中央主管機關於核准更正或補充後，應公告之。

第 14 條　依本法第二十七條第二項所定品種權授權他人實施，應由品種權人或被授權人以書面，並檢附授權契約或證明文件向中央主管機關辦理登記。
前項授權契約或證明文件，應載明授權地域及期間。

第 15 條　品種權質權之設定、變更、消滅，品種權人或質權人應以書面，並檢附品種權證書及下列文件向中央主管機關辦理登記：
一、質權設定登記者，其質權設定契約書。
二、質權變更登記者，其變更證明文件。
三、質權消滅登記者，其債權清償證明文件或各當事人同意塗銷質權設定之證明文件。
前項第一款所定質權設定契約，應載明植物種類、品種名稱、品種權證書字號及債權金額；其質權設定期間，以品種權利期間為限。

第 16 條　依本法第三十條第一項或第三項規定申請特許實施品種權者，申請人應載明理由，並檢附實施計畫書及相關文件向中央主管機關為之。

依本法第三十條第八項或第三十一條規定申請廢止特許實施品種權者，申請人應載明廢止之理由，並檢附證明文件。

第 17 條　本法第三十六條第一項第二款所定品種權人拋棄品種權時，應以書面載明下列事項向中央主管機關為之：

一、被拋棄品種權之植物種類及品種名稱。

二、證書號碼及發證日期。

三、拋棄人之國籍、姓名、住、居所。如係法人或團體者，其名稱、事務所或營業所及其代表人或管理人之姓名、住、居所、聯絡電話。

四、拋棄人簽名或蓋章。

五、拋棄該品種權之起始日期。

六、有授權他人實施或設定質權者，應附被授權人或質權人之同意書。

第 18 條　申請撤銷或廢止他人品種權者，應以書面載明下列事項向中央主管機關申請：

一、該品種之植物種類及品種名稱。

二、證書號碼及發證日期。

三、申請人之國籍、姓名、住、居所。如係法人或團體者，其名稱、事務所或營業所及其代表人或管理人之姓名、住、居所、聯絡電話。

四、撤銷或廢止之理由及證據。

五、申請人簽名或蓋章。

六、申請日期。

前項第四款所定證據，申請人得自提出撤銷或廢止之日起三十日內補提之。

第19條　中央主管機關受理前條申請案後，應將申請書之副本送達品種權人或其代理人。品種權人應於三十日內提出答辯，除先行聲明理由准予展期者外，屆期不答辯者，逕予審查。

第20條　中央主管機關應備品種權登記簿，記載下列事項：
一、植物種類、學名及品種名稱。
二、品種權人之姓名、住、居所及其代理人之姓名、住、居所。
三、品種權為共有時，各共有人之持分。
四、申請案之編號及日期。
五、公開案號及日期。
六、核准公告之文號及日期。
七、證書號碼及發證日期。
八、品種特性。
九、育種者之姓名及住、居所。
十、品種權繼承或讓與日期及繼承人或受讓人之姓名、住、居所。
十一、主張本法第十七條第一項優先權之第一次申請品種權之國家或世界貿易組織會員、申請案號及申請日。
十二、被授權人之姓名或名稱、住、居所及授權登記日期。
十三、品種權質權設定、變更或消滅登記日期及質權人姓名或名稱、住、居所。
十四、特許實施品種權人之姓名、國籍、住、居所及核准、撤銷或廢止日期。
十五、補發證書之事由及日期。
十六、品種權消滅之事由及日期。
十七、品種權利期間及年費繳交紀錄。
十八、其他有關品種權事項。
前項各項權利人如為法人或團體者，應載明名稱、事務所或營業所及其代表人或管理人之姓名、住、居所、聯絡電話。

第 21 條　直轄市及縣（市）主管機關應將登記種苗業者異動資料副知中央主管機關，並於每年一月十五日前將前一年之登記及變更登記資料彙報中央主管機關。

第 22 條　主管機關依本法第五十條規定派員檢查時，為檢查種苗標示事項與其內容是否相符，得抽取樣品三份，會同業者封緘，一份交由業者保存，二份由檢查人員攜回供檢驗及保存，攜回之種苗應予價購。

主管機關執行前項樣品檢驗時，得會同或委託農業試驗研究機構為之。

第 22-1 條　依本法第五十二條第二項規定，田間試驗結果經審查通過之基因轉殖植物，中央目的事業主管機關審核其用途核准同意文件申請時，應考量國家利益、產業政策及整體發展，為准駁之決定。

第 23 條　依本法第六十一條規定發給之品種權證書，應載明下列事項：

一、品種權人姓名或名稱。

二、植物種類、學名及品種名稱。

三、權利期間。

四、品種權為共有時，各共有人之持分。

五、證書號碼。

六、發證日期。

第 24 條　品種權證書、種苗業登記證遺失或毀損時，品種權人、種苗業者得敘明事由向主管機關申請補發或換發。

第25條　本細則自本法施行之日施行。

本細則修正條文自發布日施行。但中華民國一百年一月五日修正發布條文，自九十九年九月十二日施行。

作者：成田聰子
譯者：黃詩婷
審訂：黃璧祈

這些寄生生物超下流！

蠱惑螳螂跳水自殺的惡魔是誰？→可怕的心理控制術
等等！身為老鼠怎麼可以挑戰貓！→情緒控制的魔力
別看是雛鳥！我可是天生的殺手！→年幼的可怕殺手
居然有可怕的凶暴喪屍出現！→起死回生的巫毒邪術

淺顯活潑的文字＋生動的情境漫畫＝最有趣的寄生生物科普書

為何這些造成其他生物死亡的事件，卻被稱為父母對孩子極致的愛呢？
自然界中，雖然不是每種動物的父母親都會細心、耐心的照顧孩子，陪伴牠們成長，但天底下沒有不愛孩子的父母！為了孩子而精心挑選宿主對象，難道不是愛嗎？為了讓孩子順利成長，不惜與體型比自己大上許多的生物搏鬥，難道不算最極致的愛嗎？
日本暢銷的生物科普書！帶您走進這個下流、狡詐，但又充滿親情光輝的世界。

國家圖書館出版品預行編目資料

園藝種苗生產／朱建鏞編著.——修訂二版一刷.——
臺北市：東大，2022
面； 公分.——（TechMore）

ISBN 978-957-19-3303-0（平裝）
1. 植物育種 2. 植物繁殖

434.28 111000674

Tech More

園藝種苗生產

編 著 者	朱建鏞
發 行 人	劉仲傑
出 版 者	東大圖書股份有限公司
地 址	臺北市復興北路 386 號 (復北門市) 臺北市重慶南路一段 61 號 (重南門市)
電 話	(02)25006600
網 址	三民網路書店 https://www.sanmin.com.tw
出版日期	初版一刷 1995 年 1 月 初版十四刷 2017 年 6 月 修訂二版一刷 2022 年 4 月
書籍編號	E430120
I S B N	978-957-19-3303-0

東大圖書公司